U0047855

達文西的天才發明

Leonardo´s Machines

多明尼哥‧羅倫佐◎原著

馬力歐‧泰迪、埃多奧多‧扎農◎繪圖

全彩圖解

紀念版

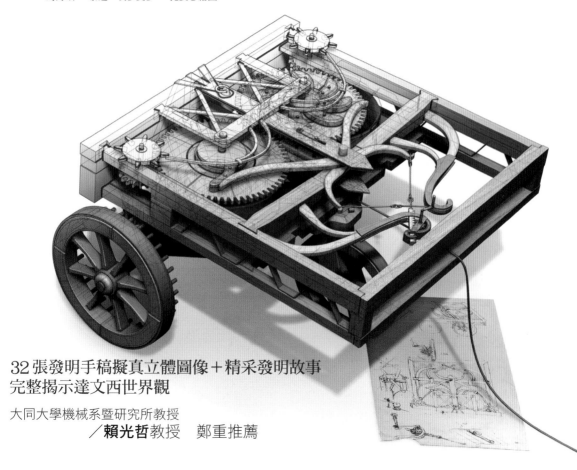

32張發明手稿擬真立體圖像＋精采發明故事
完整揭示達文西世界觀

大同大學機械系暨研究所教授
／**賴光哲**教授　鄭重推薦

Original title :

"LE MACCHINE DI LEONARDO Segreti e invenzioni nei Codici da Vinci"

Concept, mechanical philology
and description of the machines
Mario Taddei and Edoardo Zanon

Editorial co-ordinator
Claudio Pescio

Editor
Ilaria Ferraris

Technical layout supervision
Paola Zacchini

Introductory texts
Domenico Laurenza

Cover
Mario Tadder
Edoardo Zanon

Graphic design, layout
and three-dimensional modeling
Giacomo Giannella, Felice Mancino
Gabriele Perni, Mario Taddei
Edoardo Zanon

Studioddm snc, via Malpighi 8, Milan
www.studioddm.com
www.leonardo3.net

For his collaboration, thanks go to
Giorgio Ferraris

Leonardo's manuscripts and drawings, all available in the Edizione Nazionale Vinciana(Giunti), are cited according to usual practice as follows :

Codex Atlanticus	Codex Atlanticus in the Biblioteca Ambrosiana, Milan
Windsor RL	Anatomical manuscripts and drawings in the Royal Library at Windsor Castle
Codex Arundel	Codex Ardunel 263 in the British Library, London(formerly the British Museum Library)
Codex Forster I-III	Notebooks in the library at the Victoria and Albert Museum, London
Manuscripts Madrid I&II	Codices in the Biblioteca Nacional, Madrid
Manuscripts A-M	Codices and notebooks in the library of the Institute de France, Paris
Codex Hammer	Manuscript (formerly Codex Leicester) Owned by Bill Gates, Seattle, Washington,USA
Codex Trivulzianus	Manuscript in the Biblioteca Trivulziana at the Castello Sforzesco, Milan
Codex 'On the Flight of Brids'	Manuscript at the biblioteca Reale, Turin

The chronology of Leonardo's notes and drawings varies even within a single manuscript; thus, the exact or approximate date is given for each reproduced image.

The publisher is willing to settle any royalties that may be owing for the publication of images from unascertained sources.

達文西終其一生不斷進行「機械工程」的研究發展工作。紙和筆就是他最重要的研究道具，對他來說，筆不只用來幫助記憶，而是進行複雜思考時的魔術道具。達文西用繪畫表現的方式來觀察與設計。當他為了解決某一問題，或是想要設計新的機械時，就會繪製草圖。他一邊作畫，一邊在腦中浮現立體的機械結構影像，並嘗試在紙上繪製更多的圖像，進行機械機構動作的模擬。他使用圖像進行思考，將理論用草圖表達，並設計成所需的機械結構。這種將機械結構與機械理論視覺化的設計哲學之建立與實踐，可說是達文西對當今機械工程的最大貢獻。而他建立了根據理論進行機械設計的具體方法，真可謂現代機械設計工程的先師。

本書介紹達文西所繪製的 32 種機械手稿。作者與兩位繪圖專家嘗試了解達文西在手稿中所想要表達的技術內涵，並對達文西所設計的機械結構進行各種解讀，最後將解讀結果以電腦 3D 立體圖像表現出來。作者們所作的將機械結構視覺化的努力就是實踐達文西所建立的機械設計哲學的現代版範例。

在現代的機械設計過程中，工程師必須完成草圖、計畫圖、零件圖與裝配圖等四種圖面。繪製草圖時，工程師將想要設計的物品畫出，過程中，工程師能夠發現各種不適切的構想，從而繼續思考。草圖可說是最能適切說明設計者整個思考過程的重要資料，也是工程師思考時的草稿。每當下一階段的圖面完成時，草稿將被丟棄。因此這種最能傳達設計者的設計思想且極具教育價值的草圖實例很難出現在一般機械設計與工程教育的現場。達文西所繪製的手稿，歷經五百餘年完整地出現在本書的每一頁中，這些手稿與作者的有關說明，將為機械設計與工程教育現場提供最具教育價值的參考資料與教材。

大同大學機械系暨研究所教授

賴光哲

序

二十世紀時，天才李奧納多・達文西的發明忽然受到全世界的矚目，一時間引起了極大的熱潮。近年來坊間漸漸出版許多陳述達文西驚人先進發明的書籍，而諸如名為「天才的發明家・達文西」等簡單展覽會也爭相開展（展覽地點在歷史悠久的街道或名為「達文西博物館」等的地方）。然而，可惜的是這大多數充其量只不過是達文西的宇宙中，有如塵埃般的小部分展覽。

當然，這些展覽都是很認真的舉辦的，只是對於熱衷於達文西的人們來說，他們是無法完全忽略這些內容乏善可陳的粗製濫造風潮（以新奇的想法在全世界掀起浪潮的丹・布朗的《達文西密碼》的成功，多少也加快了步伐）。為了讓讀者更進一步了解達文西的發明，而促使本書的產生。那麼，本書和充斥於世界上的「達文西圖書」有何不同呢？請容我介紹本書的特色。

首先，本書將達文西的手稿翻製成一種簡單易懂、名為「電腦圖像」（Computer Graphic，CG圖像）的視覺語言。在這裡，我們必須事先讓您理解的是，本書中之所以沒有百分之百地忠實呈現達文西的手稿，主要是為了能讓達文西發明的複雜技術，能夠更容易被世人理解，因此我們適時加入了合理性解釋與處理。因為使用電腦繪圖的方式所產生與原有圖案的些許出入，更是將達文西的想法和表現方式以不同形式轉換的結果。

馬力歐・泰迪和埃多奧多・扎農的電腦圖像，讓任何人看了都能輕鬆理解，並擁有不容分說的說服力。他們這項「用繪畫來傳達」的嘗試，也讓人無法提出異議。達文西無非也希望能用視覺化的草圖來傳達自己的觀察和思考的過程以及嶄新的想法，而本書的電腦圖像將裝置複雜的組合和構造清楚地呈現，可說正好實現了達文西的夢想。

達文西使用現代常見且毫不特別的繪圖方式（鳥瞰圖、透視圖、分解圖、動態想像圖、明暗法的利用、動力路徑的圖解等）來描繪機械圖。但是，在他的那個時代裡，從沒有人使用這樣的作畫方式，而這種用草圖來說明複雜技術

的方式，更是任何人都想不出來的。

　　我認為書中被電腦圖像所搶盡鋒頭的主角其實是深藏於頁面中精采的機械故事，這些故事充滿了達文西的世界觀，以及用「用繪畫來傳達」的表現方式。機械裝置分解後，呈現出內部構造，達文西出色的草圖所展現毫不遜色的魅力真是令人嘆為觀止。也許達文西就是因為這種天賦異稟的才能，才造就了如魔法般的魅力，而本書在清楚呈現機械的全貌這點上，應該也可以說已超越原作了。

　　本書的繪圖者們是懷抱著對達文西的敬意，大膽的以 3D 立體電腦圖像重現達文西的偉大機械發明。

　　市面上針對達文西的發明而出版的相關書籍多得數不清，而且每一本都很有默契地登載了相同的機械草圖。而現代生活中最重要的發明：飛行機械、潛水艇、直昇機、戰車、汽車及腳踏車（這是近年來在發明家間的爭論焦點）等，都是參考達文西所發想的機械原理所製造而成的，這些也是讓達文西成為驚世天才且眾所周知的機械。

　　本書將帶給您的是一個極其寬廣的達文西世界。泰迪和扎農將達文西的手稿精心再現，文字作者多明尼哥‧羅倫佐則以其專業知識進行解說，因此本書內容的深度與廣度絕非市面上眾多書籍所能比擬，其中還包括了一些從未被公開的新奇機械。此外，達文西的發明肯定是劃時代的，或許當時因為還有許多的技術上問題無法解決，而沒有被製造出來。不過，單從這點即可以想見達文西以其超高智慧，努力地想突破不可能實現的技術難題的狀況。

　　此外，本書也重新檢驗已為人們所熟知的機械發明，不管是飛行機械或自走車（或稱汽車（automobile）），並且嚴格地驗證其構造、追究其合理性、再徹底地分析。而書中的電腦圖像便是基於期望將達文西的機械發明能夠嚴密且完美再現的結晶。

那麼，讓我們來看看「飛行機械」章節，在羅倫佐的解說以及泰迪和扎農的電腦圖像的巧妙合作之下，使得猶如密碼般的達文西的手稿能夠變得一目了然。本書正確地模擬複雜的構造，並以動畫般的圖解呈現連續動作，使得這些裝置猶如真實存在的機器般。

　　接著讓我們來看看自走車（姑且如此稱之）。本書也將這項機械裝置難解的原圖，鉅細靡遺地完美繪製成立體圖像，並將以彈簧啟動的馬達在產生動力時的複雜構造真實重現。透過卡羅・佩卓提（Carlo Pedretti）長年的研究成果，徹底探究出達文西的「汽車」的原理，接著馬克・羅瑟罕（Mark Rosenheim）根據機械工學原理進行驗證，使得與移動方式相關的研究更為明確。

　　而泰迪和扎農將這些構造和功能（能有程序地控制移動）以圖示呈現，清楚地描述這項裝置不只是一種移動的手段，也是一台被發明用來當作文藝復興時期宮廷節慶時的常用裝置。

　　自走車完美的擬真模型是根據泰迪和扎農，以及佛羅倫斯科學史博物館的共同研究所製作出來。在全世界舉辦展覽會時，也引起了廣大的迴響（http://brunelleschi.imss.fi.it/automobile/）。只要閱讀本書即可立即體驗，擬真模型也可以說是挑起翻閱者想像力的新式影像表現。本書不但將複雜的構造以簡單易懂的方式呈現出來，對於不擅長理解機械的人們來說，書中所有傳達達文西發明背景的高超技術也是無可比擬的。

　　再加上，羅倫佐以出色的文字所撰寫的註解與說明，使本書成為讓大眾能樂在學習達文西的發明的一本不可多得的讀物。此外，不只是立體圖像，本書也將機械加以分解後，一一描繪各零件，以引發讀者的各種想像，使得達文西的機械可以在人們的腦中被逐一拆解或組合，並自由形成影像，讓讀者從中得到樂趣。

　　我必須預先說明的是這本書的內容不但令人目不暇給且解說極為卓越，這

本書也是將達文西所懷抱的偉大夢想具體呈現的書籍。對於達文西來說，繪畫是一種將複雜的機械構造仔細地由最細微部分探究清楚的手段。為了能夠掌握部分以至於整體，達文西用繪畫將機械仔細地「分解」開來。

此外，達文西繪製草圖時排除個人情緒以求細膩地將一種以機械零件產生動力，進而驅動其他零件的裝置擬真呈現。也就是說，達文西想以草圖模擬機械運作的原理。而在達文西之前，又有誰能夠像他這樣繪製草圖呢？

達文西的機械草圖極具革命性，他以畫出物體正在運作的畫作為目標，其中最驚人的是使用了現代動畫片中若隱若現的繪製技法──特別是電腦圖像的動態表現技法。而本書嘗試以現代最新技術重現，也可以說是實現達文西的夢想。達文西是世界上首位提出將機械和技術視覺化這種新概念的人，而他的草圖正是傾注所有聰明才智所描繪的，所以才能夠表現出機械的外型以及該機械構造所設定的機械設計理論。

只要著眼於此，便明顯可見達文西最驚人的豐功偉業。相較於以他所發想的原理所研發出來的令人驚訝的機械裝置，達文西更偉大貢獻是，最早將機械的設計圖作為分析與研究時的一種手段──比用繪畫來傳達想法的表現方式更早。達文西對於現代的機械文明有著極大的貢獻，是這種為了傳達技術所採取的精細繪製草圖的表現方式。

佛羅倫斯科學史博物館館長

保羅・高魯齊（Paolo Galuzzi）

前言

　　達文西的發明只有草圖流傳至今，即使他的發明曾被具體製作出來，也絕對不可能被完整保存下來。此外，他在構思的過程中即使曾可能製作模型，目前也完全佚失，就如同未完成的名畫〈安吉里戰役〉（*The Battle of Anghiari*）般，被留下的只有為數眾多的草圖而已。

　　然而，如果留存下來的不是草圖而是發明裝置的話，那將是全人類莫大的損失。對達文西來說這些機械的設計不僅是一種哲學式的思考，繪圖也是（近乎）完美且理想的表現方式。也許對於大多數的發明家而言，繪製草圖（機械的使用方式，以及其中的構造、零件的相互關係）便可以代表一切。然而，對達文西來說，那樣的作法並不重要，他認為繪製的圖片背後所潛藏的意義——設計機械外型所憑藉的理論，以及形成這項理論的繪圖方式——更為重要。

　　許多達文西所設計的機械，都是將其科學發明理論轉換成有形之物，也就是說，達文西不是用語言，而是用圖像來表現理論。

　　舉例來說，達文西所繪製的原稿 B 80r 中，被稱為飛行器的機械草圖便是將所有關於人力的研究以最終極形式所呈現出來的心血結晶。達文西要研究的不是飛行機械，而是「應該可以使用人力作動並具有駕駛座的裝置」。而他神祕又新奇的機械發明，就是為了以上這些目的而產生的。其中被繪製成草圖的機械各個構造是以想像或假設為前提下所繪製出來的。

　　十五世紀文藝復興時期的繁榮的義大利，繪畫的學術意義是被社會所認可的。例如，羅伯特・羅貝魯多斯（Roberto Valturio, 1405-1475）在其著作《軍事論》（*De re militari*）中也使用了許多圖片解說古代的戰鬥工具。此外，弗朗切斯科・迪喬治（Francesco di Giorgio, 1439-1501）則將機械設計圖視為知識性表現的一種，並給予以往被視為黑手的工程師和技師們的專業技術極高評價。弗朗切斯科一向主張在機械的設計中，3D 的立體模型是不可欠缺的，其論述如下：

「僅以圖像來表現所有事物是很困難的，而將相互重疊的無數細節完整描繪出來更是難上加難。正因為如此，才需要展現成品的立體模型。」（節錄至《建築論》）

然而，弗朗切斯科的論點卻不適用於達文西身上。達文西的確沒有將發明、繪畫、人體解剖等各種研究的過程製成立體模型。但無論是在設計或發想階段，比起模型，達文西更注重草圖的繪製。

關於繪畫，16 世紀的知名藝術家喬治・瓦薩里（Giorgio Vasari）在其著作《文藝復興藝術家列傳》（*Lives of the Artists*）中引用希臘的格言加以說明：

「卓越的藝術家只要見到其中的某處細節，便能夠重現其外觀、大小以及完美的整體。如果看到獅子畫像的爪子，就能夠重現整隻獅子的圖像。」

根據瓦薩里的說法，這就是畫家所表現出來的卓越知性。他認為雖然繪畫就是人類以手描繪物品，是一種單純的知性工作，但也曾表示「從這個觀點來看，思考或判斷會在內心產生，而以手表達出來的便是畫作。」

瓦薩里如此評論繪畫的學術意義和功能，是十六世紀中期的事情。也由於這項「功能」，繪畫對於達文西來說，便是一種最好的表現手法。正因為如此，達文西不只對於藝術，也使用繪畫來研究科學、技術等各項領域。

為了探求達文西的繪畫中的知性涵意，我們對照他的作品和繪畫概念來看，可以發現很有深意。達文西創造了一種所謂的「朦朧畫法」（sfumato，不描繪輪廓，只以陰影表現出自然的立體感），並廣為人知。達文西作畫時不喜歡以輪廓線進行構圖，他認為以光學的角度來看，人類的雙眼並無法清楚地捕捉輪廓。此外，從哲學的觀點來看，他也認為人類體型的輪廓是無法被清楚描繪出來的。

他曾經表示：「輪廓並非物體的一部分，這是因為某個物體的終點便是某個物體的起點，（中略）因此，所謂物體的終點並不代表任何東西。」人類身

體的輪廓便是包圍身體的空氣的起點。也就是說,理論上人類的身體一開始本來就應該不存在輪廓的。

如果物體沒有輪廓的話,那麼所謂的繪畫便成為一種用超越現實的手法來重現現實的行為——一種將眼前可見的現實,解構再製造出抽象的行為。達文西意識到這點,因此模仿現實描繪出來的機械草圖已經不再只是圖像,而是一種只存在於心中的抽象物體——也許達文西就是這樣認為的吧!但是值得注意的是對於製造機械,他又認為是貫徹「現實主義」的結果。

關於達文西和草圖的關係,流傳著以下的小故事:達文西應教宗利奧十世(Pope Leo X)之邀滯留羅馬時(1513-1516 年),遭受了某項災難。他為了教宗的弟弟,也就是達文西的贊助者朱利亞諾‧梅迪奇(Giuliano de Medici)所分派給他的助手,一個叫作喬治的德國人傷透了腦筋。助手喬治不僅要求加高酬勞,而且總是不工作,整天閒晃,還將達文西的發明告訴其他人,因此,達文西便在給朱利亞諾‧梅迪奇的信中寫了以下的內容:

「接著,我的助手告訴我,他想要『木頭模型』,我猜他打算以木頭模型當參考,然後用鐵製造成機器,帶回故鄉去。我後來跟他說:我不會給你模型,但是會把記錄了機械寬度、長度及高度和形狀的『草圖』給你。我們兩人便因此產生了嫌隙。」(節錄至大西洋手稿 671r)

根據這封信的內容,首先那位助手向達文西索取他發明的機械模型,並且打著自己製作一個,然後衣錦還鄉的如意算盤。但是達文西只願意給助手一張標示了「寬度、高度及高度和形狀」的草圖,這張草圖應該是立體圖,並且很可能是一份繪製了各種角度的圖像。然而,達文西為什麼會願意將重要的設計圖交給毫無信用的助手呢?

事實是,助手根本看不懂達文西的草圖,如果想要依照草圖製造機械,就必須要有達文西的協助,所以達文西答應助手要將草圖給他,目的是要告誡助

手不要告訴別人相關的研究內容，並暗示他要好好工作。這些草圖要比立體模型記錄了更多的重要資訊，而解讀這些草圖，就必須具備相關知識（各部分的比例關係等）。基於觀念的改變，新的機械設計工作室型態也由然產生。也就是說，因為不再使用模型，而是使用圖畫，所以一般對於工程師們的要求不再只是要用雙手製作，還要用頭腦思考。

其次，達文西的機械並不是不可能以立體畫像或電腦圖像重現，相信也有人曾在某個展覽會場看到這樣的重現作品。然而，這些重現後的圖片，多數只是將重點擺在使用的方式上而已。而在此之前的研究，大多著重於機械的製造目的，而忽略了草圖中所包含的知識意義。而這也是最重要的。那麼是否有可能將達文西的構想與草圖的繪畫價值靈活重現呢？

泰迪和扎農就在本書中達成了這個目標。他們為了可以讓讀者輕鬆理解機械的運作，所以將草圖轉換成立體圖像，並且從各個角度描繪出裝置的外觀、分解圖、運作方向符號等豐富的表現。藉此創造出能完整地傳達達文西草圖的繪畫價值的重建模型。而我也是和他們兩人一樣抱持著相同的理念為這本書撰寫解說。

最後，關於介紹達文西的機械發明展覽會，佛羅倫斯科學史博物館館長保羅·高魯齊正計劃嘗試來個創世之舉。展示的重點是達文西的草圖，而重建模型則是為了補其不足而展示的。本書的目的正是要一方面充分考量達文西研究的科學意義，一方面告訴世人創新的可能性。

多明尼哥·羅倫佐

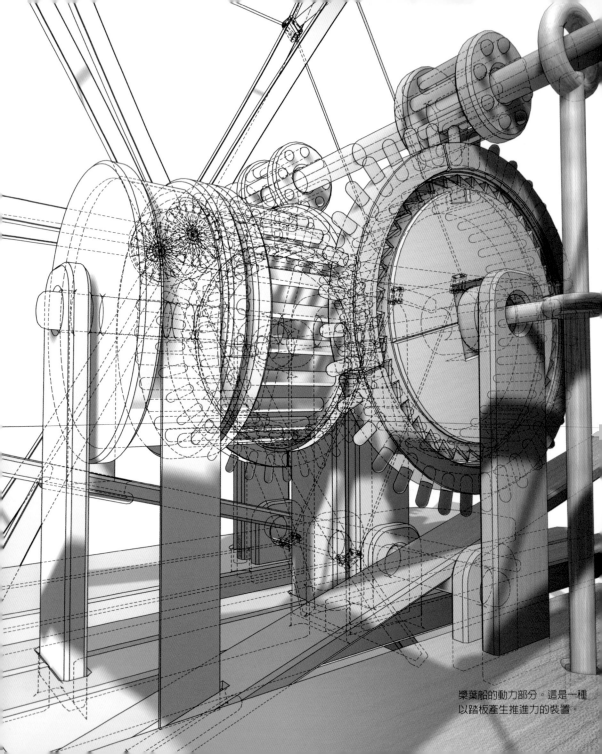

槳葉船的動力部分。這是一種
以踏板產生推進力的裝置。

嘗試以電腦圖像技術重現草圖

「又是介紹達文西發明的書？」、「世界上最知名科學家的書又出版了？」「反正就是介紹大家都知道的那些機械吧？」

達文西留給我們的科學與技術的遺產，是一座包含了無窮盡的發想和直觀的寶庫，要完全掌握這位偉大科學家的全貌是一項至難的工作。事實上，眾所皆知的發明品或在全世界展覽的精巧複刻模型中都還留存著許多尚未解開的謎題，正因為如此，遙遠的文藝復興時期的機械，至今仍讓研究學者們驚嘆不已。

涉獵達文西研究領域的人，一定會有復原其發明品的欲望，而我們也是其中的一員，但令人困擾的是這項工作卻比想像中還要困難重重。當我們以為已經明瞭機械的構造和發想的全貌時，卻又會對於手稿一角的潦草文字和小幅草圖產生新的疑問。然而，一旦著手探究這些疑問，便常逼得我們非得轉換想法或找出新的解釋不可，經常為此傷透腦筋。在製作本書的時候也經常發生另一種情況。原本以為已經完美重現的構造和裝置，在最後一刻都會因為後來發現的小零件，而必須全盤推翻原本的裝置構造，重頭來過……。和佛羅倫斯科學史博物館共同製作的「自走車」就是最佳例子。

達文西的「自走車」是在許多研究專家共同努力下，耗費百年才終於解開了構造之謎。跟著科學史博物館一起挑戰這些偉大發明的我們，也馬上埋首於這項工作之中。我們仔細地描繪達文西的草圖，並將所有零件分毫未差地配置到適當的位置上，我懷疑以前是否曾有過這麼精確的研究。在此之前曾發表的複刻版模型，不但完全沒有探究達文西的真正目的，甚至在一開始便是有缺點的不完全品。我們以完美並忠實地重現為目標，慎重地進行工作。我們也吸收馬克‧羅瑟罕的解釋，並且銘記保羅‧高魯齊和卡羅‧佩卓提珍貴的建議，一邊思考整體的構造，一邊動手製作雛型，儘管看起來並不完善，但是我們是在清楚結構的基礎下進行工作的。

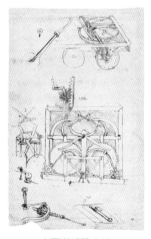

大西洋手稿 812r

大致完成後，我們便開始進行展示品的製作。偶然間，我們在手稿的空白處發現那裡畫有類似煞車器的零件草圖，我想那會是我永生難忘的瞬間。因為這張小草圖就隱藏在頁面下方潦草的草圖中，所以剛開始才沒有發現這個小小的煞車器。

由此可知，在達文西的手稿中，瑣碎的記載也是絕對不容忽視的，這個瑣碎的發現不只是另一個零件而已，機械也會因為這個部分而有重新解釋的契機。所幸，這不是現代載運人類或物品，也就是現在稱之為「汽車」的裝置，而是慶典中使用的娛樂裝置。

達文西所發想的是一種能夠用程序控制其運轉模式，一種餘興表演的裝置。這是比汽車更有野心，更複雜的機器。而發現煞車器草圖的我們，也在不久之後解開了這項裝置的操作之謎。操作自走車的方法是只要從車體背面，悄悄的拉緊繩索，就可以解除煞車，讓機械對著觀眾逕自活動起來。

為了製作本書，我們至少思考了五十種以上的解釋。如同前面所提，我們經常一邊慎重地等待引發新解釋的小零件在手稿的某處出現，一邊進行工作，而我們也不止一、兩次發現自己熟悉的機械還有未解之謎。本書以仔細地介紹機械和其構造為宗旨，而我們持續不斷地進行研究，並且花費了一年以上的時間，追究自走車這個機械的設計目的，進而重現其外觀。

現今，人們也能利用日漸普及的電腦技術將天才達文西的構想視覺化。我們使用的技術和電腦遊戲、電影特效以及動畫等所使用的技術大致相同，甚至根本可以說是完全一樣的東西。我們利用這項常見的技術，產生新的視覺語言正是本書不同於以往的創新之處。雖然這並不是電腦技術的大革命之類的事蹟，但若是硬要給個定位的話，我認為大約是介於學者著作的書籍、展覽會等研究達文西的層次，和熱中於電玩遊戲、電視遊樂器的現代年輕文化之間。

那麼，假設達文西也能運用現代的多媒體技術和設計工具，今日又會是何種景況？但我想達文西的世界和電玩遊戲的世界應該相距不遠

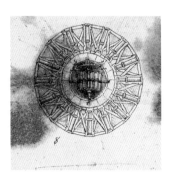

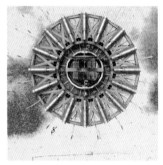

連射式大砲。上圖為達文西手稿。
下圖為電腦圖像完成圖。

吧。各位看了運河挖掘起重機、銼刀工具機、旋轉橋等草圖，您難道不會為這些直觀的表現方式所著迷嗎？達文西的表現手法既簡單又直接，他曾經留下以下的言論：「詩人啊！你要用什麼樣的詞藻，才能留下猶如畫作般完美的影像呢？」（溫莎手稿 19071r，RL）

只要將本書重現達文西原畫的電腦繪圖作品與草圖相疊，就會發現兩者幾乎連細節也完全吻合。對於不是使用鉛筆，而是使用不具實體繪畫工具的電腦做畫的我們來說，這顯得格外意義非凡。就在這個瞬間，我們確信自己的作法是正確的——為了能夠讓達文西的發明全貌更加清晰，選擇這項道具是再正確也不過的了。面對這樣的結果，我想我們的思路已與達文西不謀而合。

我認為全拜電腦技術之賜，我們才得以如此地貼近達文西的世界。而達文西應該是一邊在腦中浮現立體影像，一邊繪製草圖。為了表達對於達文西的無上敬意，我們將獻給達文西的網頁網址命名為：www.leo-nardo3.net。

本書為您以視覺性地解說達文西的發明，其中包含了首次公諸於世的機械共 30 餘款。製作本書時，我們甚至研究了沒有納入本書的無數手稿，為了能夠正確地解開機械的構造之謎，我們必須進行細膩的求證作業和瀏覽達文西的研究全貌。

最後，對於肯定本書的價值，並且給我們鼓勵的塞吉歐‧裘帝、保羅‧高魯齊、卡羅‧佩卓提、克勞帝歐‧佩斯喬，我們致上由衷的謝意。也感謝協助我們工作的飛里契‧曼其諾、卡布里安諾‧貝魯尼、杰高默‧傑內拉、克麗斯丁娜‧卡拉默利、米凱拉‧帕魯達薩里等人。

馬力歐‧泰迪

埃多奧多‧扎農

<u>001</u> 飛行機械 Flying Machines

機械構造的翅膀	蜻蜓	拍動的翅膀	空氣螺旋槳
大西洋手稿 1051v 1480～1485 年	阿士伯罕手稿 I 10v 約 1487 年	原稿 B 88v 1487～1489 年	原稿 B 83v 約 1489 年

這是一種利用往復和旋轉運動為動力的發明。許多相關的機械研究都收錄在大西洋手稿中，這些草圖是了解達文西那些具有複雜構造的基礎。

據說達文西開始研究飛行機械的靈感來自於觀察鳥類或昆蟲，特別是蜻蜓。這張被收錄於阿士伯罕手稿中的圖稿，本屬於原稿 B 的第一頁，而其中也有許多飛行機械的相關研究的手稿。

人類能夠像鳥一樣張開翅膀在天空飛翔嗎？──達文西終其一生不斷地挑戰這個難題，這是一個為了探求人力極限所發明的裝置。或者可以解釋成以機械來重現鳥類展翅的裝置。

這個裝置據說是直昇機的始祖，但在這一篇裡我們會著重於達文西對空氣和水的想法。他認為：空氣是有密度的物體，所以可以用機械「攪拌」它。總之，這並非直昇機，而是空氣螺旋槳。

飛行器	機械翅膀	大砲	多管機槍
原稿 B74v 1488～1489 年	大西洋手稿 844r 1493～1495 年	大西洋手稿 32r 約 1482 年	大西洋手稿 157r 約 1482 年

飛行機械的完整研究。達文西夢想在空中飛行，而不斷進行研究，終於想出了人力飛行器。草圖中清晰地描繪了作為動力來源的操作者如何產生動力的方法，以及能讓機械飛行天際的構造。

為了研究拍動的翅膀所設計出的小型模型。機械翅膀的構造相當複雜，原因在於其許多構造是用來將操作桿的旋轉運動轉換為往復直線運動的。這項裝置是達文西發現動物翅膀的前端和根部的活動方式不同，而模擬製作出來的。

達文西發明了許多武器，其中他花在研究大砲的時間最多。這是可以將砲管任意改變方向的裝置，也能夠改變各種角度。他還設計了用於保護砲管的木製外蓋。

光看這項裝置的外觀就會令人佩服得五體投地，這是一種具有複數砲管，攻擊力驚人的武器。這項裝置也是可動式的，除了砲管可以轉向任何方向外，只要使用手動曲柄就可以調節砲彈的發射角度。

-| Page 52 |-   -| Page 60 |-   -| Page 72 |-   -| Page 78 |-

防禦城牆

大西洋手稿 139r
1482～1485 年

達文西不只設計攻擊用火砲，同時也設計複雜且精巧的防禦裝置。當城牆受到攻擊，躲在設有窺視孔的城牆之後的士兵可以操作這項裝置並快速且輕易地擊退敵人。

戰鬥馬車

杜林皇家附屬圖書館館藏手稿 15583r
約 1485 年

達文西最精美手稿中的一幅，可能是為了讓米蘭公爵對自己印象深刻所繪製的。這項裝置由馬車拉動，尖銳的戰車鐮刀可以進行 360 度全方位的攻擊。

拆卸式大砲

大西洋手稿 154br
1478～1485 年

這台重量級大砲，要如何運送到戰場上呢？對於這個讓軍人們煩惱的問題，達文西提出的解決方式是「分解」和「組合」。

裝甲車

大英博物館素描室
1485 年

若提起達文西的發明，這是最廣為人知的。但要製作一台「外殼堅固耐用，並備有強大火砲的可移動式戰車」，對天才達文西來說，似乎也很困難。因為即使不斷改良，問題仍舊堆積如山，最後達文西放棄了這項構想。

投石器

大西洋手稿 140ar、140br
1485～1490 年

雖然同樣類型的武器的構想非常多，但是這項特別的設計使用了兩片木板彈簧片製造極大的能量，用以將石頭砲彈或是點火砲彈發射至極遠之處。只要操作投石器旁的手動曲柄就可將木板彈簧片設定至備射狀態。

連射式大砲

大西洋手稿 1ar
1503～1505 年

這是大西洋手稿中第一頁的草圖，草圖中連細節部份都描繪地非常正確，令人驚訝。這項武器將十六管砲管以放射狀排列。中央則有一對水車扇葉和齒輪，然而真正的使用方式，目前仍眾說紛紜。

旋轉式大砲

大西洋手稿 33r
1504 年

這是一頁如藝術品般華麗的手稿，其中描繪了兩台發射砲彈的大砲。雖然大砲不是創新發明，不過，達文西卻發想出會在空中爆裂、如同散彈槍一般會發射出小砲彈的特殊砲彈。

碉堡

大西洋手稿 117r
1507～1510 年

這是達文西為「全方位防禦」所構想出來的小型碉堡。複雜的設計非常創新，推測應可有效地抵擋撞擊或大砲攻擊。

水力鋸木床	槳葉船	旋轉橋	挖泥船
大西洋手稿 1078r 約 1478 年	大西洋手稿 945r 1487～1489 年	大西洋手稿 855r 1487～1489 年	原稿 E 75v 1513～1514 年

這是一種切割木條的裝置，利用水流來轉動水車扇葉，藉此作動鋸子。鋸子的位置是固定的，木條會因為與水車扇葉連結的滑輪轉動，而自動往前移動。

達文西所設計的比用手划槳還要有效率的船。動手划槳的確是項辛苦的工作，但是若要划動這艘船必須轉動大型的水車扇葉，此時仍得藉助雙腳（還有雙手）來啟動。

這座橋是一項絕美的設計。橋身以設置在河岸的旋轉軸為支樞轉動，即能夠自由地操作水陸交通。由一人或多人操控安裝在地面的絞車（起重機），讓橋身旋轉。

這項發明用於拓寬與疏浚河床。雖然當時已有類似的機械存在，但達文西提升了重要的技術。例如，為了增加裝置的穩定性，他將船身增加為兩艘。

-| Page 132 |-   -| Page 138 |-   -| Page 144 |-   -| Page 154 |-

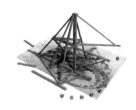

往復運動機械	銼刀工具機	凹透鏡研磨機	運河挖掘起重機
大西洋手稿 30v 1478～1480 年	大西洋手稿 24r 約 1480 年	大西洋手稿 87r 約 1480 年	大西洋手稿 4r 1503～1504 年

這是為了研究將往復運動變換成旋轉運動所研發出來的裝置。是一種用於舉起重物的裝置，只要將手把前後搖動，就能捲起鋼索舉起重物。

這項機械可自動運作。藉由重量與重力的作用，垂掛繩子一端的砝碼就可使機械運轉。各部位一旦開始動作，沉重的榔頭即以固定的間隔落下，為放置於運送台上的金屬板，雕刻細緻刻痕。

一轉動控制桿，平放於地面的石材，與垂直放置的研磨盤便會開始旋轉。藉由兩者共同轉動，即可打造出均勻平滑的凹透鏡。

這是專為改變河道的土木工程所發明出來的機械。它不但可以大量作業，隨著工程進度，機械還可以慢慢移動位置。另外，它能將挖出的河床的泥土運送到岸邊的構造也是一絕。

-| Page 162 |-　　　-| Page 166 |-　　　-| Page 170 |-　　　-| Page 174 |-

自走車

大西洋手稿 812r
1478～1480 年

這並不是用來運送人或物品的汽車，而是一項更大膽、更有野心的設計。這是一項舞台裝置，它不但可以設定模式，而且不須雙手控制便能跑動、還可以轉彎。請想像它不需要有人在旁操作，即可自行在舞台上活動，吸引全場觀眾目光的情景。可說是天才達文西顛倒眾人的一項發明。

戲劇〈奧菲斯〉的舞台裝置

阿藍道手稿 231v
約 1507 年

達文西設計了許多的舞台裝置，這是項可以左右開展的巨大裝置。它是使用於〈奧菲斯〉一劇的舞台裝置。

獸頭里拉琴

阿士伯罕手稿 I Cr
1485～1487 年

若要說里拉琴是為了實際演奏而發明，不如說是用來當作舞台的小道具更來得恰當些。以動物器官當作音箱的樂器的構想要追溯至古代。

自動演奏大鼓

大西洋手稿 837r
1503～1505 年

這是專為在街上遊行的樂隊所發想的裝置。或者，也可能是一種用於在戰爭中激勵士兵、威嚇敵人的樂器。這項裝置也可裝有車輪，由人或動物拉動即自動演奏。

提琴式風琴	印刷機	里程計算器	圓規與兩腳規
大西洋手稿 93r	大西洋手稿 995r	大西洋手稿 1br	大西洋手稿 696b
1493～1495 年	1478～1482 年	約 1504 年	1514～1515 年

這個裝置的構造複雜到讓人猶豫是否要稱它為樂器。只要穿戴在身上即可演奏。風琴裡裝有馬毛做成的琴弓，與連結鍵盤的弦相互摩擦後就會發出聲音。相較於鍵盤樂器，它更接近提琴之類的弦樂器。

這是個藉由自動運作的底座與壓力結構印刷的機械裝置。操作起來非常簡單，只要轉動控制桿，就可以完成一連串的工作。

這項用於計算距離的裝置，有著奇特外型並由人拖拉移動。構造相當複雜。每行進一定的距離，裝置中的小石頭或鐵製、木製圓球就會掉落到箱子中，使用者可以從箱內累積的圓球數量，來計算距離。

這張手稿集結了許多小型工作器具草圖，其中有一些圓規與兩腳規的草圖。達文西的所有發明中最引人注目的是機械的零件都兼具功能性與美感。而這個設計工具更是極佳典範。

001 飛行機械 Flying Machines

- 機械構造的翅膀
- 蜻蜓
- 拍動的翅膀
- 空氣螺旋槳
- 飛行器
- 機械翅膀

在義大利烏菲茲（Uffizi）所發現的手稿中有關於飛行機械的記載，它屬於非常古老的手稿（447E）。那時的達文西正致力於研究在慶典中演出的舞台裝置，而飛行機械就是其中一項研究。

當時在佛羅倫斯，布魯涅內斯基（Filippo Brunelleschi）和安德利亞‧德爾‧維洛及歐（Andrea del Verrocchio）兩位工程師和藝術家，成功地發明了舞台表演裝置，因而贏得眾人的讚譽。達文西必定抱著戰勝前輩的決心，這一點從充滿野心與熱情的這張手稿中即可窺見。這些手稿之中，還記錄了他對於飛翔中的鳥類的飛行曲線的觀察。

在那之後，達文西離開了機械的研究和實驗，一頭栽進了動物學和理論的世界。1482 年，達文西為了能夠成為米蘭公爵盧多維哥‧史佛薩（Ludovico Sforza，又稱摩爾人盧多維哥 Ludovico il Moro）的專屬工程師，而啟程前往佛羅倫斯。但是在寫給盧多維哥‧史佛薩的自薦信中，卻完全沒有提到飛行機械。也許對於達文西來說，飛行機械只是一種舞台裝置，或者在天空飛翔只能算是一種愚蠢的夢想罷了。

但是，自古人類就懷抱著翱翔天際的夢想。而且科學裡沒有所謂「不可能的事」，先人也確實留下了許多飛行實驗的記錄。不但十三世紀的英國哲學家羅吉爾‧培根（Roger Bacon）曾經想過人類以人造翅膀在天空中飛行的可能性，就連建立於十四世紀的喬托鐘樓（Campanile di Giotto）的最下層也有代達羅斯（Daedalus，伊卡洛斯（Icarus）之父，在肩膀上裝上人造翅膀）肖像的浮雕。雖然，代達羅斯只是希臘神話中的人物，但是縱使是虛幻的故事，我們也能從中了解到在充滿文藝復興文化的、華麗的佛羅倫斯，確實曾存在人類飛翔於天際的夢想。達文西便曾專心致力於實現這個夢想，並將之提升至科學領域。而這是他移居米蘭之後的事情。

也許算是辜負了大部分的人的期望，達文西在 1480～1490 年間所研究的飛行機械，可以說和鳥類及昆蟲的研究毫無關連（動物的研究也在這個時期中斷，一直到 1500 年之後才再度展開）。達文西從十五世紀末開始實際投入人力飛行器的設計，其理論根據是解剖學和力學（重

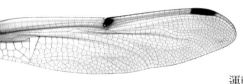

量和運動的關係）的研究。當時達文西正致力於研究解開人體的解剖構造及人體比例和重量作用、運動的動力學的特性。雖然當時運動學中有關「重量」的研究已經被確定是一個重要主題，但仍然停留在紙上談兵的階段，科學家尚未考慮將其實際應用於生活中。

在這樣的時代背景下，達文西早就從 1480 年代開始研究人力應用的可能性，而且埋首於在研究筆記中描繪各種人類在天空飛行時的草圖。在這段時間他所發想的飛行機械，多半和人體研究有關。

雖然在有名的「撲翼飛機（Omithopter）」（原稿 B 80r）的翅膀活動部分，是模仿昆蟲翅膀的拍打模式，但從裝置中半圓形的外觀，或是操作方式來看，都顯而易見地不是依照動物研究所設計出來的。這項裝置的目的是為了能儘可能地引發出人體動力，為此，達文西甚至在飛行員的手腕、腳、頭部裝設了複雜的機械構造，飛行員不須操作機械，他們要讓機械翅膀動起來，並使盡全力產生讓飛行器騰空的動力。達文西另外發想了需要旋轉與操作的飛行器，駕駛則橫躺其中。撲翼則是參考了昆蟲和鳥類的飛行方式（大西洋手稿 824v、原稿 B 79r 等等）。此外，雖然有幾張草圖，如大西洋手稿 70br、846v 屬例外，目前已知達文西是將以使用人力為目的的發明，和使機械旋轉為目的的發明分開進行研究的。

達文西在 1500 年代初期回到佛羅倫斯後仍然持續進行飛行機械的研究，與過去不同的是，這次是以觀察自然界和動物、鳥類的飛行方式為主所進行的研究。達文西花了很多時間在戶外觀察鳥類，而記載著日期的手稿大概只有口袋書的大小，其中潦草地記錄著草圖和筆記（原稿 L、K1 等等）。原稿 K1 中有時候會反覆出現相同的草圖，那也可能是達文西回家後將在戶外潦草的筆記又重新拿出來思考描繪所致。

此外，以「關於鳥類飛行」為題的稍大尺寸的研究筆記所記錄的時

間也是大約從此時開始的。達文西在這個少數只鑽研某一主題的珍貴筆記本上，記載了昆蟲和鳥類飛行方法，也發想了些模擬蟲鳥的飛行機械。達文西自此開始挑戰設計完全模擬鳥類的機械。

「鳥類飛行手稿」的筆記中，又可以分為自主振翅的主動飛行方式，以及借助風力的被動飛行方式兩種。相當有趣的是兩者都是從解剖學和航空力學的理論來觀察鳥類的飛行，以及根據其觀察結果來研究飛行機械的構造，這兩個觀點來進行研究的。

達文西深信人類也可以像鳥類一樣飛翔，這是他根據數年來的觀察結果所推論出的一種自然界法則。達文西認為所謂的生物在本質上是相似的，他不但在解剖學的研究中著眼於人類和其他生物的相似處，並試圖找出彼此的共通性。例如，他指出與四足動物相比，人類（當然包括達文西自己）在嬰兒時期也是使用四肢行動的。此外，他還將成長後人類步行時的手腳力學關係，以及四足動物的前腳和後腳進行比較說明。達文西始終確信所有的生物都有相通的基本特質，而人類和動物也有相似處，所以只要使用肌肉產生動力，人類也能翱翔於天際。

晚年的達文西致力於小型飛行器的研究（身體上裝設板片的人類，從高處躍下的知名研究，被記載在原稿 G 74r 中）。他不但逐漸減少機械發明，更花費了許多時間構築理論基礎，而這個時期的手稿大部分被收錄在原稿 E 中。達文西對於鳥類的研究，與其說是為了發明飛行器，不如說是為了探究氣流和風的法則。也就是說，這個時期的達文西的研究並不是在於「借用機械的力量探索人類在空中飛行的可能性」。

喬治・瓦薩里和 16 世紀的藝術評論家吉安・保羅・洛馬奏（Gian Paolo Lomazzo）對達文西的研究則有不同的見解：達文西是利用自動機械和可澎脹的橡皮物質來製造飛行機械；單純只是為了提高娛樂效果；他對於所有的關注都只是為了研發飛行機械。

1452 出生於文西鎮（Vinci）

1460

1470

1480-1485

1490

1500

1510

1519 逝世於安堡埃（Amboise）

大西洋手稿 1051v
Codex Atlanticus. f. 1051v

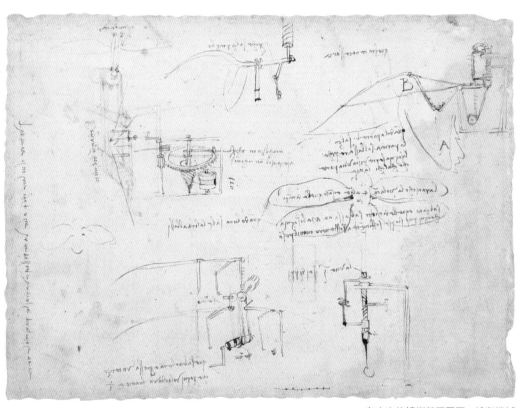

在中央的蜻蜓草圖周圍，繪有機械
翅膀的構圖。

機械構造的翅膀

　　大西洋手稿中的這份手稿大約是在佛羅倫斯時代，或 1482 年達文西前往米蘭後不久，也就是大約三十歲左右所完成的。這份手稿受重視的理由有二：第一，雖然這類研究記錄很常見，但這是一份屬於嘗試模仿飛行動物的古老研究；第二，達文西的獨特性清楚地展現在這份手稿中。然而事實上，這不是一份引人入勝的手稿。

　　達文西的手稿就好像一種珍貴的自傳。內容就像是私人日記般，但不是每天的生活記錄，而是由他的觀察研究串起。其中詳細記載各項細節。並記錄了當時的研究課題與想法，尤其他一定會畫圖。筆記和草圖忠實地傳達出達文西對於研究、觀察、疑問、發明計畫等的思路變遷。

　　雖然無法得知這張手稿中草圖的繪圖順序，但達文西很可能是先畫蜻蜓和左邊小型的昆蟲圖形。兩者都是極簡單的草圖，與其說是為了描繪細節，應該說是設計機械前的底圖。前兩片翅膀揮動上升時，後兩片翅膀則向下揮動，如果以這個動作運作便可能充分利用空氣的支撐力進行飛行——達文西在觀察昆蟲的飛行方式後，如此認為。而他關於動物飛行方式的研究，也是以此方式開始的。

　　接著，試著觀察草圖中所描繪的飛行機械。右上方可以看到的是由兩個部分（A 和 B）所構成的機械構造的翅膀草圖，翅膀的外側（B）向上揮動，內側（A）便向下落下。像這樣利用空氣的力量向上浮起的裝置，很明顯是模仿有翅動物的活動方式所設計出來的。

　　另一方面，左側邊緣記載著一長串文字，則與這項研究沒有直接關連，在達文西的手稿中經常會有這樣的記載，而這份手稿中所寫的是他的研究計畫：「要看兩對翅膀的昆蟲飛行，只要去水溝裡找，就可以看見黑色的網狀羽翼。」我們無法確定，在這個手稿裡，達文西是在進一步發展他過去對動物（昆蟲）的觀察（如本頁所記載），抑或是精心計畫後的成果。

動力部分的作動方式

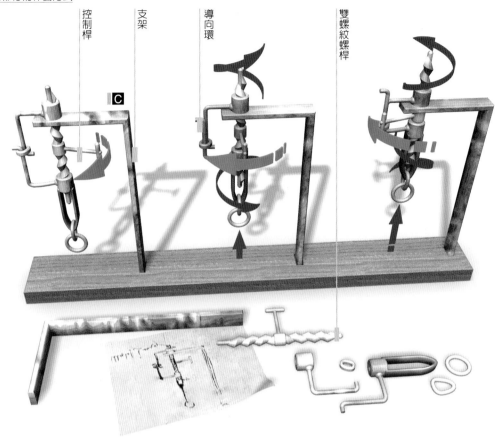

控制桿　支架　導向環　雙螺紋螺桿

A 達文西明確地將這項裝置的構造記載於手稿中，讓後人不用煞費苦心地解讀手稿內
B 容。這是關於揮動翅膀的動作的研究，翅膀曲折部分有 A 和 B 的記號，操作動力部
分，A 向下，B 便會向上運動。這是一種和昆蟲及動物的的翅膀極為相似的構造。

C 這部分是最讓達文西傷腦筋的動力構造，因為組成複雜，而且達文西自己也會在設
計過程中一再地改變想法（大家可以發現手稿的右上方的草圖，有被擦去的線條痕
跡），最後確定以雙螺紋螺桿作為控制桿使翅膀揮動。

D 翅膀的揮動方式是模仿昆蟲或動物而得來，就像是生物的翅膀般，羽翼前端的曲線，
比根部的曲線還要長，運動的方向也相異。

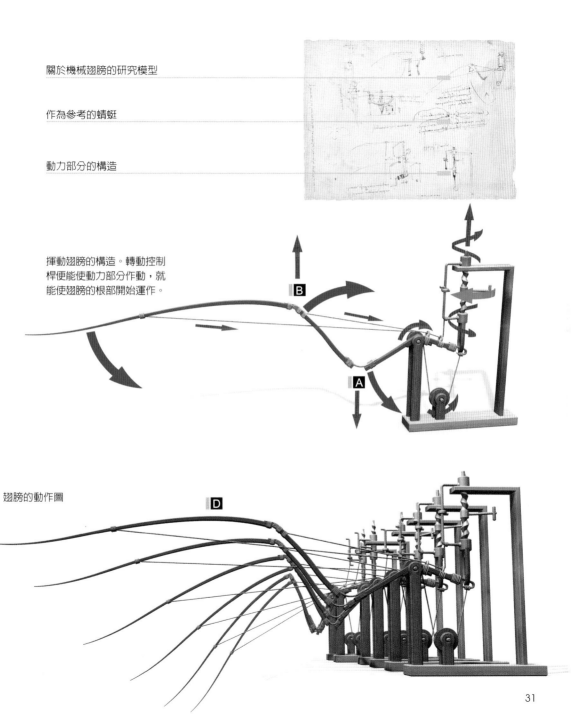

關於機械翅膀的研究模型

作為參考的蜻蜓

動力部分的構造

揮動翅膀的構造。轉動控制
桿便能使動力部分作動，就
能使翅膀的根部開始運作。

B

A

翅膀的動作圖

D

1452 出生於文西鎮

1460

1470

1480

1487 年左右

1490

1500

1510

1519 逝世於安堡埃

阿士伯罕手稿 I 10v
Ashburnham I, f. 10v

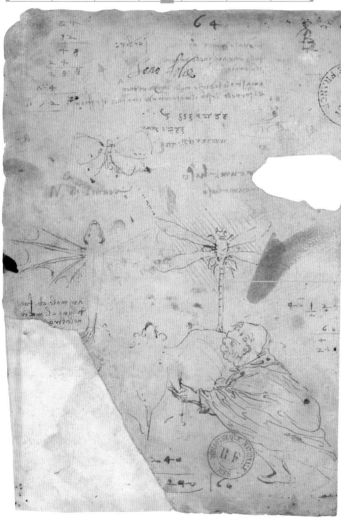

阿杜伯罕手稿的一頁，原屬原稿B
的一部分。

蜻蜓 Dragonfly

　　阿士伯罕手稿Ⅰ中的這張紙稿原本是原稿B的一部分（原稿B在十九世紀被盜取了後半部，之後才又被發現）。若從原稿B完成的時間來看，記錄這份手稿的年代應該約在1485～90年左右。當時，達文西正旅居米蘭。

　　此時，他研究飛行機械有兩個目的。第一，找出鳥類和昆蟲可以飛行的原因，理解其構造並加以模仿。第二，突破人體力學的可能性，製造出能引發人力極限的裝置。達文西尤其致力於後者的研究，而他從未放棄模仿鳥類和昆蟲的翅膀的想法。

　　這份手稿是觀察昆蟲和鳥類飛行的方式所繪製而成，其中畫有飛魚、蝙蝠、蜻蜓（還有蟻獅）等各種生物的草圖。亦即，在動物的觀察記錄上，嚴格說起來，達文西終其一生都依循亞里斯多德的生物學做動物型態的比較研究。

　　將擁有兩對翅膀的飛行生物，以及皮膜可開展的有翅生物兩相比較後，達文西關心其共通點更甚於差異性。在這裡所提到的飛魚，也如同他的手稿中所記載的，能自在地在水中或空中活動。從這個例子來看，達文西認為只要徹底探求水及漩渦的法則，應該可以找出如空氣般不可見的自然法則。他的論點是，所有的生物包含人類在內都具備共通的本質。而飛魚則將這種共通本質以最清楚的形貌呈現，達文西認為其中必定藏有人類可能在天空中飛行的關鍵。

　　達文西對於各種生物的深入比較和觀察的結果，皆反映在其飛行機械的研究裡。他在研究動物時期所思考出來的機械構造的翅膀，多半擁有兩對翅膀（左頁的手稿中描繪有兩隻具有兩對翅膀的昆蟲）或是模擬蝙蝠與飛魚的有薄膜覆蓋的翅膀。這些多半都被記載於原稿B中。

被繪製在手稿中央的
蜻蜓重現圖

約由一百張紙稿所構成的原稿 B 的想像圖（也是繪有蜻蜓的這一頁，於日後被撕毀）。原稿 B 中還有其他許多與飛行相關的機械記載，這張蜻蜓草圖便是這些構想的原點。

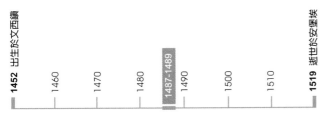

1452 出生於文西鎮
1460
1470
1480
1487-1489
1490
1500
1510
1519 逝世於安堡埃

原稿 B 88v
Manuscript B, f. 88v

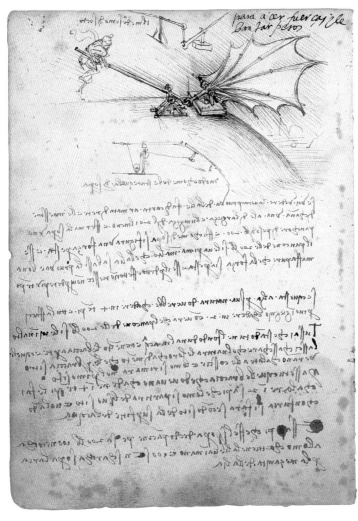

原稿 B 中有筆記與草圖，其中也記錄了改良時扮演了重要角色的兩個想法。

拍動的翅膀 Flapping Wing

　　達文西在剛開始研究時認為，所謂飛行機械是一種人類對抗自然的動力學的挑戰。他深信空氣是一種不同於水，能夠被壓縮的物體，如果使用機械構造的翅膀壓縮空氣的話，人類就可以像是在水面上步行般，漂浮於空氣之中。但其中的問題在於，如果要讓被壓縮的空氣不與周圍的空氣混雜在一起，就必須極其快速地揮動翅膀，而這裡所謂的速度正好就是動力問題。因此，若能夠產生足夠的動力，人類也就能夠飛翔——這就是達文西的觀點。

　　在原稿B中的這張草圖是一項以人力和機械構造的翅膀抬起200磅（libra，譯註：相異但近似於現今的重量單位「磅」）約68公斤的板子為目的的實驗計畫，達文西很可能是利用山坡的斜面進行這項實驗。也因為如此，筆記中有相關經驗的文字記載，草圖中也有實驗的必要條件和地形的描繪。

　　不消說，達文西的研究道具是紙和筆，這是當時所有的研究學者們常用的文具，但對於達文西來說，筆不只用於記錄，也是一種表現複雜思考的魔術道具。而這份像是筆記般的概略圖，也隱藏了大量資訊。

　　例如，這張手稿中首先畫有草圖，接著是文字說明，草圖中不只有機械的形狀，就連機械產生動力的狀態也描繪於其中。請試著仔細看看，就能發現人所操作的控制桿呈現上揚的狀態。翅膀的周圍描有線影，似乎可以看到翅膀揮動的動作和被壓縮空氣的震動。達文西在實驗前會先在腦中想像，然後在紙上進行模擬（他的草圖有種不需要實驗就擁有的真實感）。重量的表示就是寫在板子上「200」的數字。板子放在山丘的斜面上，對面是表示山巒和山谷的曲線，並且描繪了遠方隱約可見的建築物。達文西預定在哪個特定場所進行實驗？主草圖的上下有這個裝置的應用構想，此外，右上方的文字是後來才被寫上去的，並非達文西的親筆文字。

拍動的翅膀側面圖

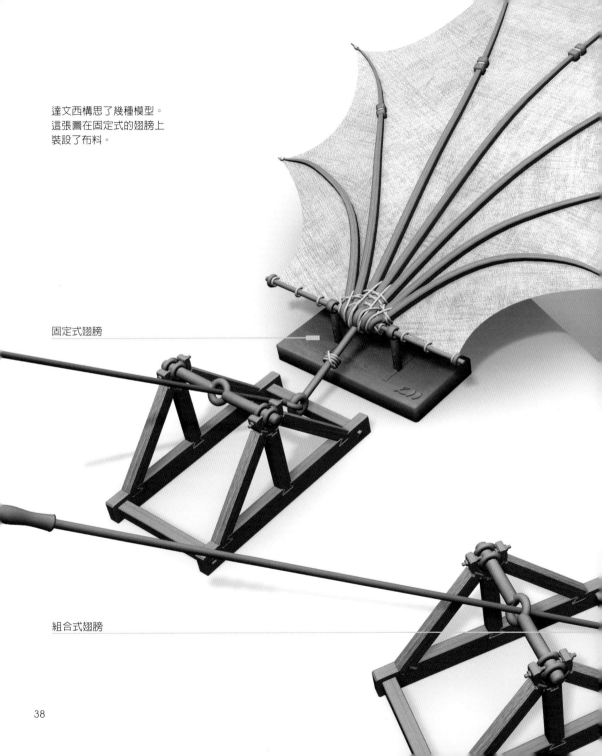

達文西構思了幾種模型。
這張圖在固定式的翅膀上
裝設了布料。

固定式翅膀

組合式翅膀

這是左頁圖片的變形構造，由原本的構想改良而來。應該是參考主草圖下方的小圖所重繪的圖片。翅膀不是固定式的，使用者操作齒輪與活動滑輪使翅膀彎曲。為了盡可能有效率地「抓住」空氣，達文西模仿了鳥類翅膀的關節。

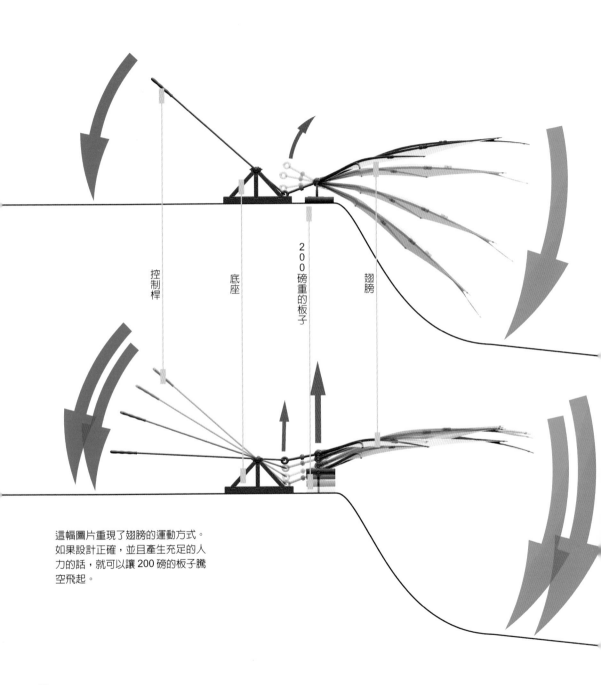

控制桿

底座

200磅重的板子

翅膀

這幅圖片重現了翅膀的運動方式。
如果設計正確,並且產生充足的人
力的話,就可以讓 200 磅的板子騰
空飛起。

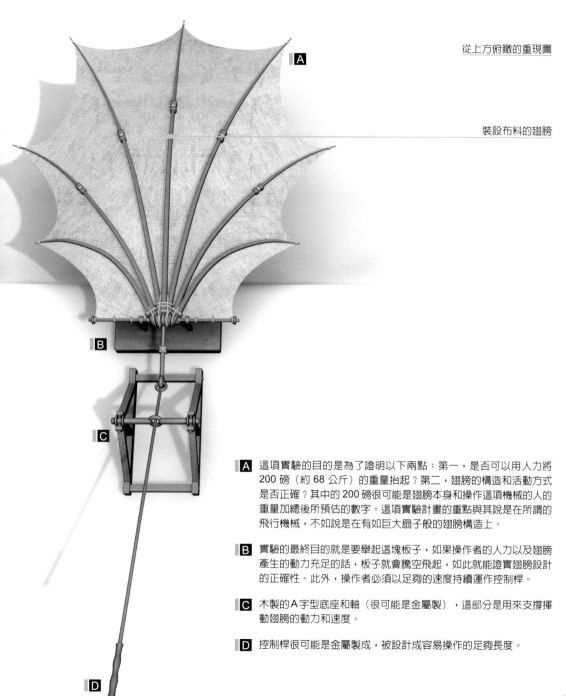

裝設布料的翅膀

A 這項實驗的目的是為了證明以下兩點:第一,是否可以用人力將 200 磅(約 68 公斤)的重量抬起?第二,翅膀的構造和活動方式是否正確?其中的 200 磅很可能是翅膀本身和操作這項機械的人的重量加總後所預估的數字。這項實驗計畫的重點與其說是在所謂的飛行機械,不如說是在有如巨大扇子般的翅膀構造上。

B 實驗的最終目的就是要舉起這塊板子,如果操作者的人力以及翅膀產生的動力充足的話,板子就會騰空飛起,如此就能證實翅膀設計的正確性。此外,操作者必須以足夠的速度持續運作控制桿。

C 木製的 A 字型底座和軸(很可能是金屬製),這部分是用來支撐揮動翅膀的動力和速度。

D 控制桿很可能是金屬製成,被設計成容易操作的足夠長度。

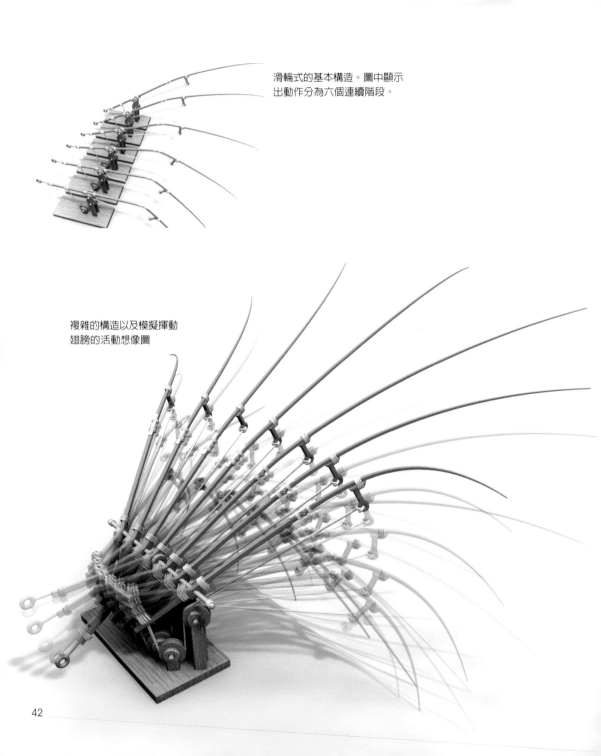

滑輪式的基本構造。圖中顯示
出動作分為六個連續階段。

複雜的構造以及模擬揮動
翅膀的活動想像圖

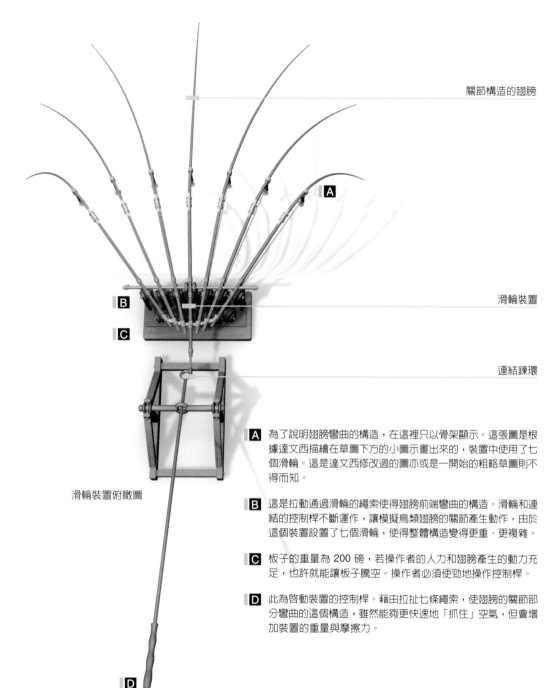

關節構造的翅膀

滑輪裝置

連結鍊環

滑輪裝置俯瞰圖

A 為了說明翅膀彎曲的構造，在這裡只以骨架顯示。這張圖是根據達文西描繪在草圖下方的小圖示畫出來的，裝置中使用了七個滑輪。這是達文西修改過的圖亦或是一開始的粗略草圖則不得而知。

B 這是拉動通過滑輪的繩索使得翅膀前端彎曲的構造。滑輪和連結的控制桿不斷運作，讓模擬鳥類翅膀的關節產生動作，由於這個裝置設置了七個滑輪，使得整體構造變得更重、更複雜。

C 板子的重量為 200 磅，若操作者的人力和翅膀產生的動力充足，也許就能讓板子騰空。操作者必須使勁地操作控制桿。

D 此為啟動裝置的控制桿。藉由拉扯七條繩索，使翅膀的關節部分彎曲的這個構造，雖然能夠更快速地「抓住」空氣，但會增加裝置的重量與摩擦力。

1452 出生於文西鎮
1460
1470
1480
1489 年左右
1490
1500
1510
1519 逝世於安堡埃

有關空氣螺旋槳的研究
記載在下半部。

空氣螺旋槳 Aerial Screw

　　關於空氣螺旋槳的研究出現在原稿 B 的飛行機械的研究中。這是一種以旋轉力飛翔天際的構想，從筆和墨水這些常見的文具下發想出來。

　　達文西在人類能飛行的研究中，思考了兩件事。一是關於人體力學（即飛行機械的推動力）的可能性；二是「空氣」這種駕馭飛行機械時不可或缺的元素。空氣螺旋槳便是在此背景下所發想出來的，而它也為達文西飛行相關研究帶來一大轉機。暫且不提理論和技術的問題，這個構想便是人類邁向近代化進步的過程中，所抱持的一種夢想。

　　達文西認為空氣和水不同，前者只要以充足的力量施壓，就能夠被壓縮。和前述「翅膀」的研究（原稿 B 88v）相同，空氣螺旋槳也與這個奇妙的構想有關。手稿中的裝置周圍仍然畫了線影，用以表現雙眼看不到，但確實存在的空氣。

　　空氣能夠壓縮是因為有密度的關係，因此若讓螺旋槳高速旋轉的話，就能夠飛上天際。達文西深信，螺旋槳能夠推開空氣這種流動體，向前方行進，而左右這項裝置成功與否的關鍵便在於螺旋槳的旋轉速度。然而，這個最後關鍵居然掌握在另一個研究上，亦即如何獲得使螺旋槳旋轉的足夠動力。

　　這項構想的關鍵雖然經常出現在達文西的研究中，可惜的是在這個解答尚未出現之前，研究便已結束。到底螺旋槳的動力是人力？還是像用繩子捲起陀螺再快速放開後所產生的動力？至今仍無法得知。此外，達文西也有和這項裝置相反，只觀察主動力構造的飛行船研究（原稿 B 80v）。

　　這項研究的有趣之處並不在於達文西設計空氣螺旋槳的實際步驟，而是他致力於和其設計沒有直接關聯的理論性研究──人體力學的可能性或空氣的性質等。達文西所發明的許多機械，都能將理論性觀察化作「圖像型態」。雖然螺旋狀的螺旋槳本身就是很常見的裝置，但是不要忘了在空氣中應用螺旋槳的發明在達文西的時代可是創舉！

達文西所發明的「直昇機」的悲慘下場。這台空氣螺旋槳被稱為直昇機,然而,不但結構不嚴謹,也不具備現今直昇機的設計原理。將原稿 B 往前翻閱 3 頁查看,可發現還有其他比這個裝置更接近直昇機的機械研究。

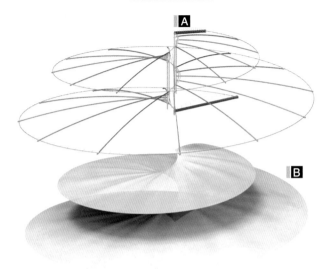

A 螺旋部分。鐵製的螺旋軸被連結在中央桅杆上,木製的樑是用來固定「翅膀」上張著一塊布料的主構造的零件。

B 關於鋪設在螺旋槳上的布料,達文西記載著「為了不讓空氣穿透,在布面上塗上麵粉。」

C 木製 A 字型底座。「翅膀」和中央的桅杆與人乘坐的平台部分相連。

D 圓形平台。是撥開空氣,製造出騰空時所需人力的場所。

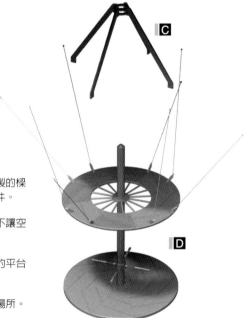

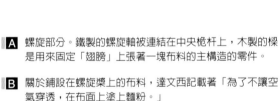

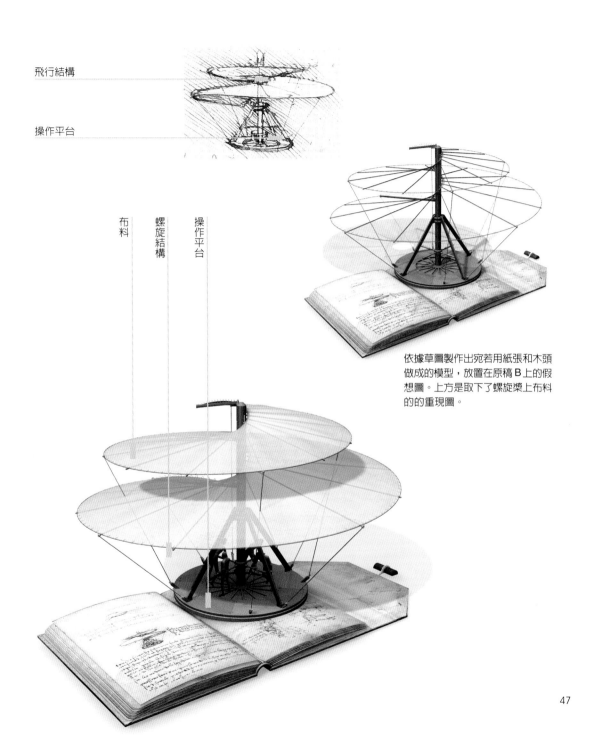

飛行結構

操作平台

布料

螺旋結構

操作平台

依據草圖製作出宛若用紙張和木頭
做成的模型,放置在原稿B上的假
想圖。上方是取下了螺旋槳上布料
的的重現圖。

47

構造和各零件的啓動示意圖。
達文西假定操作平台上的四個
人能產生足夠的動力。

補強翼肋

操作桿

平台（旋轉式）

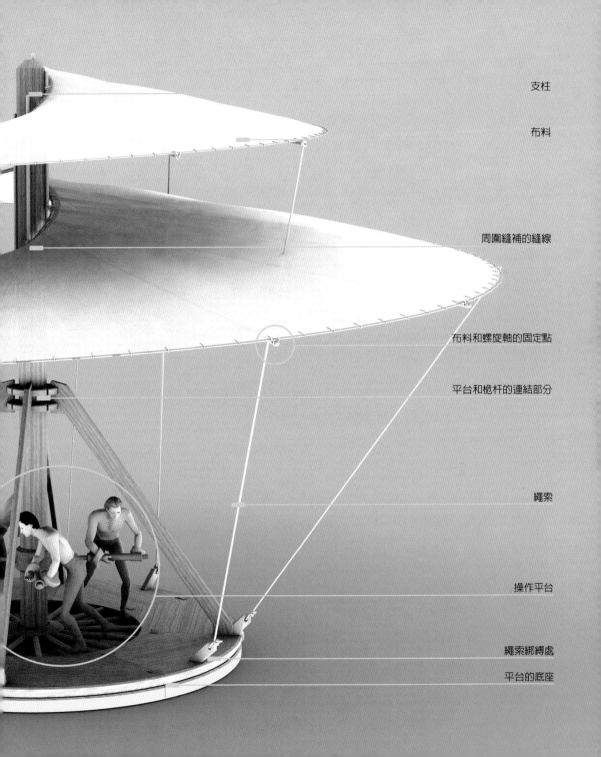

支柱

布料

周圍縫補的縫線

布料和螺旋軸的固定點

平台和桅杆的連結部分

繩索

操作平台

繩索綁縛處

平台的底座

側面圖相關記錄（E）和關於構造的記錄（F）。

設計圖的外觀。複雜的構造和細緻的設計，非常地迷人。

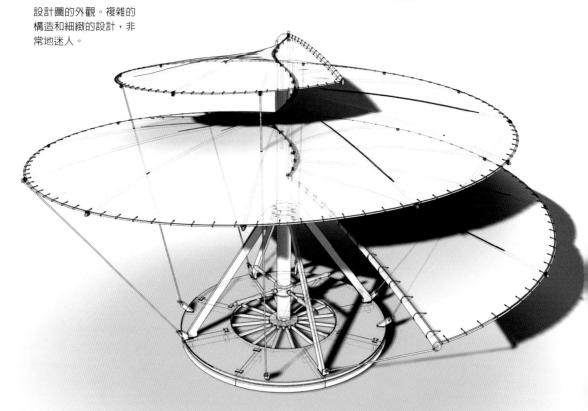

G 假設 1。四個人站在原地只活動腳部，動手轉動與螺旋槳連結的平台（紅色箭頭方向）。假設螺旋槳旋轉後，若能如當初預設一般可以將撥開空氣的話，螺旋槳和操作平台就會騰空而起，人和底座就會留在地面上。

H 假設 2。假設負責操作的四個人也是「乘坐物」的其中一部分，那麼就如同旋轉木馬般，四個人一邊旋轉一邊跑動（紅色箭頭方向）。這個時候底座會開始往反方向旋轉，如果螺旋槳以足夠的速度旋轉，理論上機械便能騰空而起。然而，即便向上飛起，底座還是會被留在地面上，所以最後這個裝置將無法保持旋轉狀態。

總之，這個裝置最後終究難逃墜落的命運。現今的直昇機為了預防機體本身的旋轉，會在機身後方裝設小型的螺旋槳，使其成為可以穩定飛行的工具。也就是說，現代的直昇機的原理是利用空氣動力升力，並不是如達文西所想像般，是將空氣撥開而上升的。

將兩種假說以圖片呈現。無論哪個情況，螺旋槳都會朝著紅色箭頭方向旋轉，亦即如同達文西所述，撥開空氣行進。

1452 出生於文西鎮

1460

1470

1480

1488-1489

1490

1500

1510

1519 逝世於安堡埃

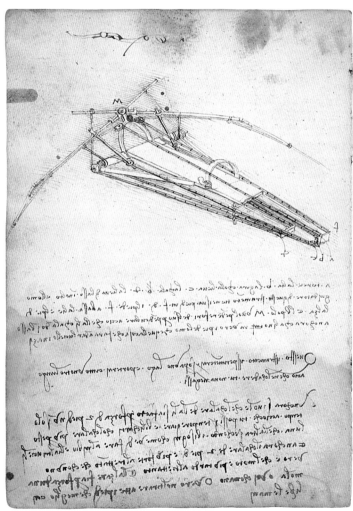

為人所熟知的
飛行器研究。

飛行器 Flying Machine

飛行器模型及其草圖

這份手稿中記錄有草圖和三項筆記。達文西只以這樣的內容，就將飛行器的複雜構造明確地表現出來。手稿中的筆記全都在說明草圖內容，各段落交錯陳述的這項構想，也因為優美的文筆而震撼人心。從以清晰的線條完美繪製的草圖以及毫不紊亂且條理分明的筆記來看，應該是約1490 年代時的達文西的特色。這個時期的達文西的智慧已達到卓越的境界，他不間斷的研究、努力累積的結果全部協調地匯集成各個領域的智慧。

這張手稿以優美的筆觸所構成，但始終都不是為了要讓他人觀賞而做，而是一份專為自己所寫的研究筆記。這一點可以從三段文字的筆跡都有些凌亂得知，達文西一開始先記錄了草圖和第一段筆記，之後才將剩下的筆記文字補充上去，這也是他行之有年的作法。對他來說，手稿就是「畫布」，畫布就會有留白，因此有時達文西會寫上筆記，有時則會畫上草圖和圖畫。

這張飛行器草圖也是如此，當時達文西將目標設定在引導出最大人力並加以利用。他為了克服這項難題，發明了幾個將操作者的乘坐姿勢設定為筆直站立的飛行器。

另一方面，他仍然沒有放棄模仿鳥類和昆蟲飛行方式的構想，這可從他於草圖中畫下了一個操作者須躺著操作的形狀的飛行器即可得知。關於這個模仿的構想他也留下了許多手稿，他不只畫了很多昆蟲和鳥類的圖，甚至直接在筆記上將飛行器以「鳥」稱呼。我想在達文西的思想中，已將自然和技術融為一體。不久後，在他完成「鳥類飛行手稿」時，對於模仿有更加深入的觀察。

附帶一提的是，這張手稿中所記錄的三項筆記，其中一段記載了這項裝置的飛行實驗。因為考量到飛行器墜落時的風險，達文西考慮要在湖上進行實驗。

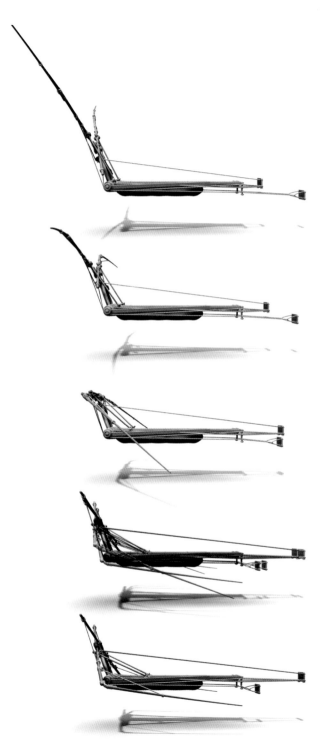

現在試著重現飛行器的構造和翅膀的運作狀況。左頁是側視圖，右頁則是後視圖。由上往下依序是翅膀彎曲的模樣，逆向往上看的話，則可以清楚了解翅膀展開的模樣。為了能夠清楚呈現複雜的構造和各零件的活動狀況，在此只展示機體的骨架。

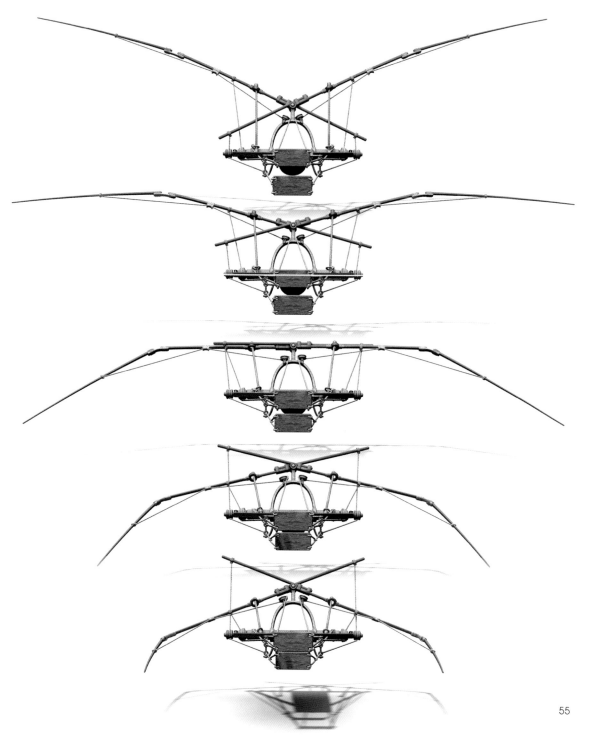

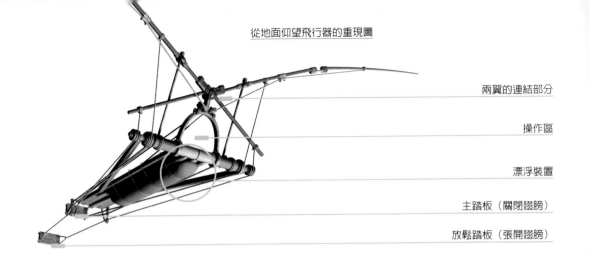

從地面仰望飛行器的重現圖

兩翼的連結部分

操作區

漂浮裝置

主踏板（關閉翅膀）

放鬆踏板（張開翅膀）

分為六個階段展示翅膀運動。這項
構造不只是揮動翅膀，連機械翅膀
向下揮動時，其前端朝內側收起的
樣貌，都是模仿鳥類飛行時的複合
運動而來。

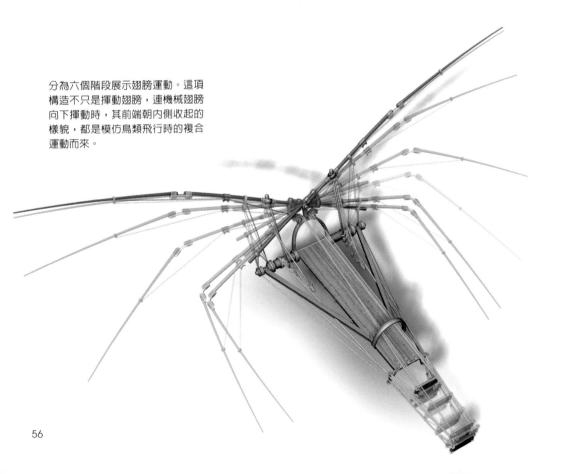

翱翔於空中的飛行器示意圖。翅膀上所加上的各種描繪，是參考被記載在手稿（原稿 B74r）背面的草圖所繪製而成。考慮到安全因素，達文西思索在湖面上進行飛行實驗的可能性，因此在飛行器下方裝設了漂浮器具。

翅膀的構造（請參照前頁的啟動圖）

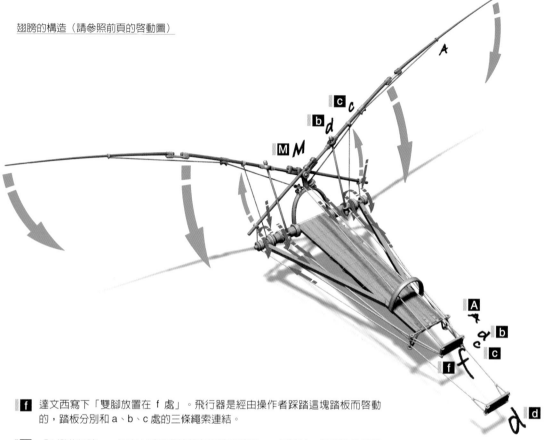

f 達文西寫下「雙腳放置在 f 處」。飛行器是經由操作者踩踏這塊踏板而啟動的，踏板分別和 a、b、c 處的三條繩索連結。

A 「A彎曲翅膀」。繩索A透過滑輪繫在翅膀的前端，一經拉扯，翅膀的前端就會彎曲。

b 「b用操作桿拉動翅膀」。繩索 b 通過鐵圈，以鐵圈的運動，拉動被連結在翅膀上的桿子，使翅膀上下揮動。

c 「c放下翅膀」。繩索 c 被裝設在滑輪上，用來控制翅膀的上下運動。

M 「連結點 M 的重心，並非與地面完全垂直，而是有些傾斜。於是翅膀向下揮動時，彎曲的翅膀前端就會朝向操作者的腳底方向收起。」支撐 M 的金屬部分，在翅膀揮動前，會稍微向前方傾斜。

d 「d讓翅膀向上……繩索 d 讓翅膀由下向上揮動。」如果以踏板 f 揮動翅膀的話，接著踩踏踏板 d 就會再次展開翅膀。達文西建議這項作動方式可以以一組的彈簧作輔助。

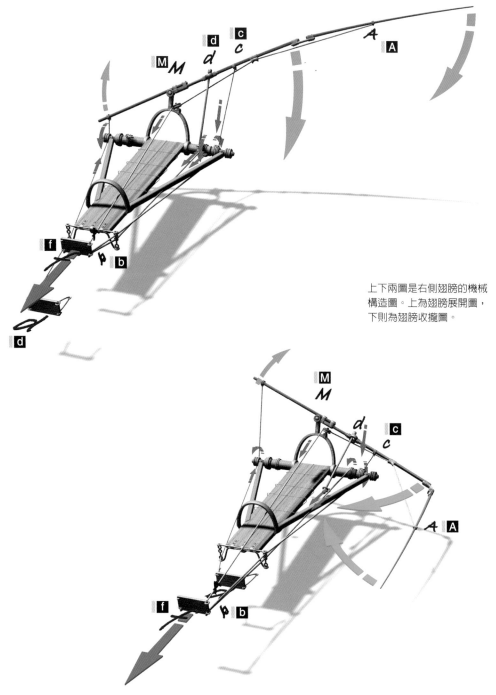

上下兩圖是右側翅膀的機械
構造圖。上為翅膀展開圖，
下則為翅膀收攏圖。

1452 出生於文西鎮

1460

1470

1480

1490

1493-1495

1500

1510

1519 逝世於安堡埃

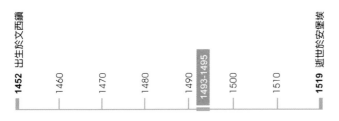

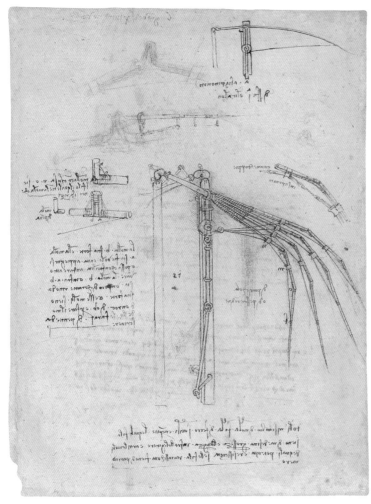

機械構造的翅膀研究
中相當重要的手稿。
達文西試圖要模仿動
物的翅膀。

機械翅膀 Mechanical Wing

這是在 1494 年所完成的手稿，內容並不只是發想或隨筆的記錄，而有相當程度的記載。達文西不只詳細說明了裝置的構造，還附上了部分構造圖，構圖線條也相當審慎。這很可能是將之前的所有想法匯整後，才著手畫下的完美草圖。請看右上方的小圖（很可能是後來才補上的），這裡的草圖並不是貿然用鋼筆畫下的，你可以看見周圍畫有鉛筆底稿的痕跡。由此可知，達文西很在意這份手稿的完成度，草圖上方有兩、三處的部分圖片未完成，其他還有一些補充說明，除此之外，這張草圖可說非常地完美。

重現草圖右上方的圖案

這份手稿有翅膀的整體圖和部分放大圖，並且有兩段筆記。這是馬德里手稿 I 中常見的型態，也是記錄機械研究手稿的典型手稿之一。達文西在 1490 年代的研究，大都像這樣記載地井然有序，這個時期的達文西已達到了一種新境界──確立了與自然現象相關的幾何學和數理概念。當然這時的他以極其優美的文筆記錄相關內容，而且繪圖時不管線條或筆觸都極其細膩用心。

當時達文西對於飛行機械的研究，主要是以人體力學的可能性為基礎來進行的。當時他把鳥類的研究和模仿擺在第二順位，但是還是有例外，這份翅膀手稿就是其中之一。結合複數的關節，以拉動關節上的繩索產生動作的這個機械構造，便是模仿動物翅膀關節所產生出來的構想。但是這個十五世紀末所發想的裝置，其翅膀的各部分卻配置得有條不紊，而且結構設計地非常正確。

在這之後，達文西開始動手寫下「鳥類飛行手稿」，更深入觀察鳥類和昆蟲，並嘗試模仿，因此他的飛行機械和這裡所記錄的構造有所差異，飛行機械的構造比模仿複雜的動物骨頭的形狀還要精密。達文西一直深信人類應該能如同鳥類和昆蟲般飛行，而且從未放棄這個想法。

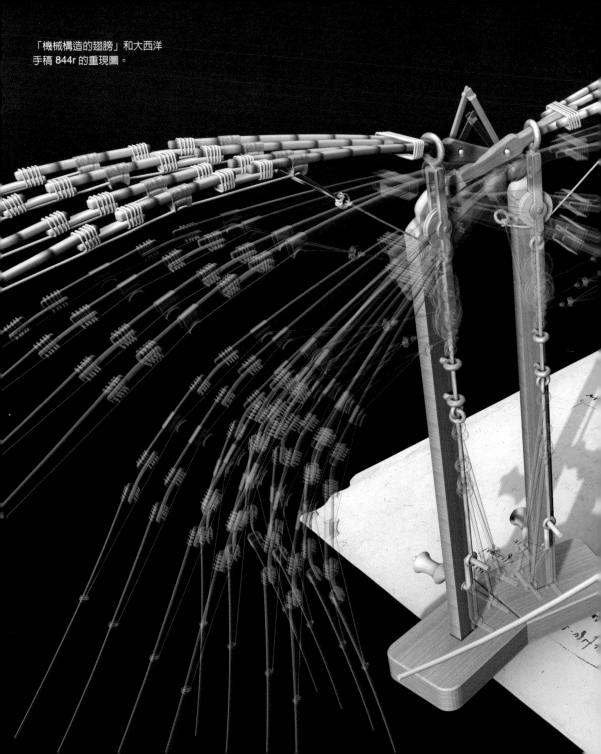

「機械構造的翅膀」和大西洋
手稿 844r 的重現圖。

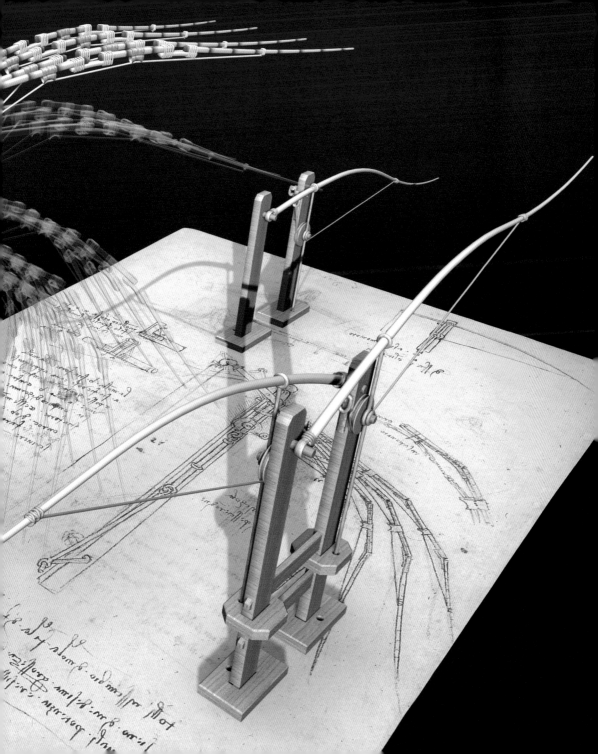

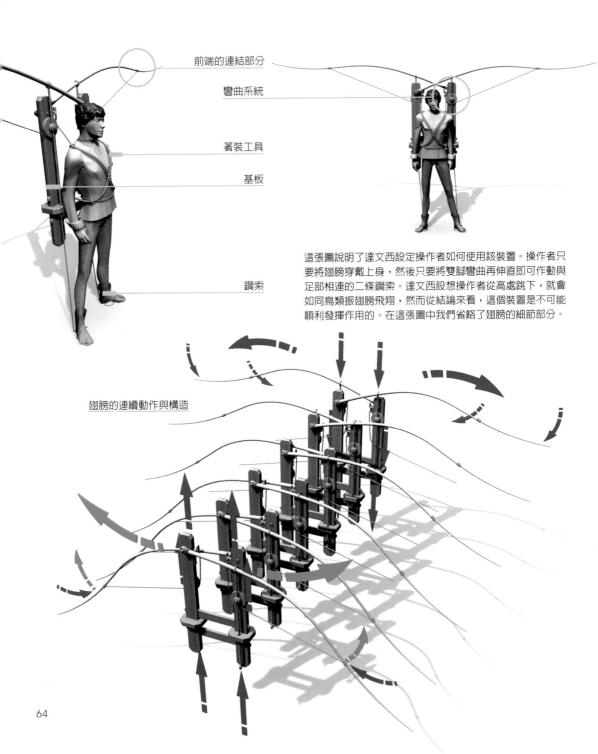

前端的連結部分

彎曲系統

著裝工具

基板

鋼索

這張圖說明了達文西設定操作者如何使用該裝置。操作者只要將翅膀穿戴上身，然後只要將雙腳彎曲再伸直即可作動與足部相連的二條鋼索。達文西設想操作者從高處跳下，就會如同鳥類振翅膀飛翔，然而從結論來看，這個裝置是不可能順利發揮作用的。在這張圖中我們省略了翅膀的細節部分。

翅膀的連續動作與構造

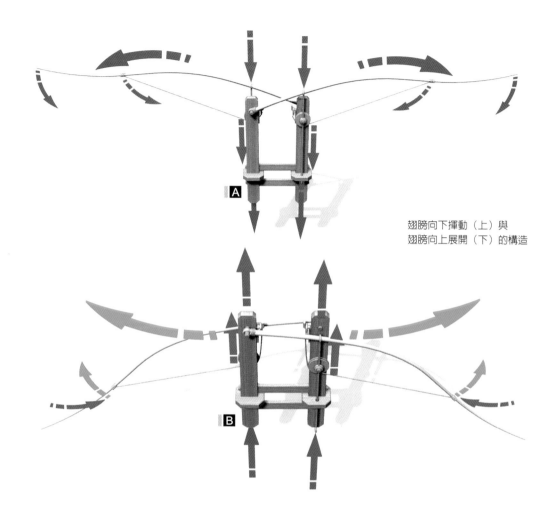

翅膀向下揮動（上）與
翅膀向上展開（下）的構造

A 這是向下揮動的翅膀。將上端繫在環圈上的兩條鋼索向下一拉（藍色箭頭），
翅膀就會向下方揮動。這時的滑輪運作拉動繫在翅膀前端的繩子，翅膀便會彎
曲（紅色箭頭）。

B 和 A 的動作相反，這是向上展開的翅膀。兩條鋼索向上拉扯的話（藍色箭
頭），通過滑輪連接上端的繩索呈現鬆弛，翅膀就會向上揚起。

翅膀分解圖

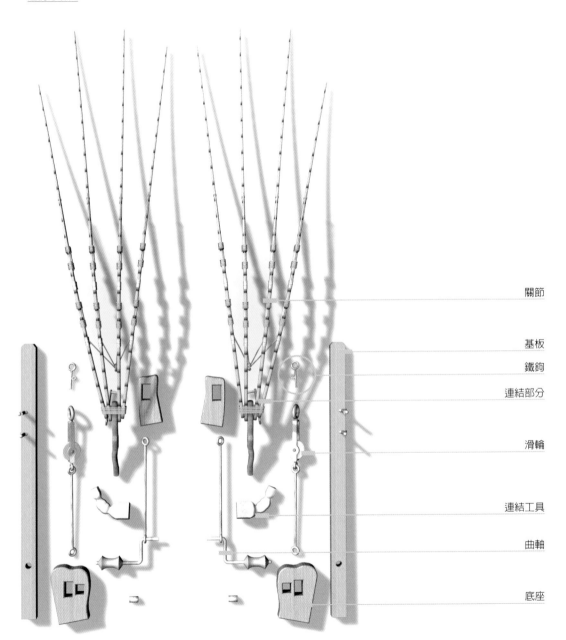

關節

基板

鐵鈎

連結部分

滑輪

連結工具

曲軸

底座

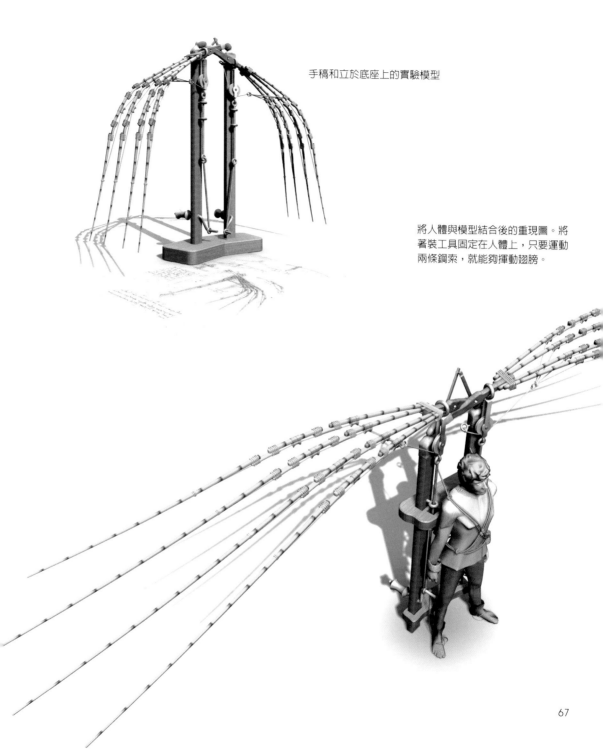

手稿和立於底座上的實驗模型

將人體與模型結合後的重現圖。將
著裝工具固定在人體上，只要運動
兩條鋼索，就能夠揮動翅膀。

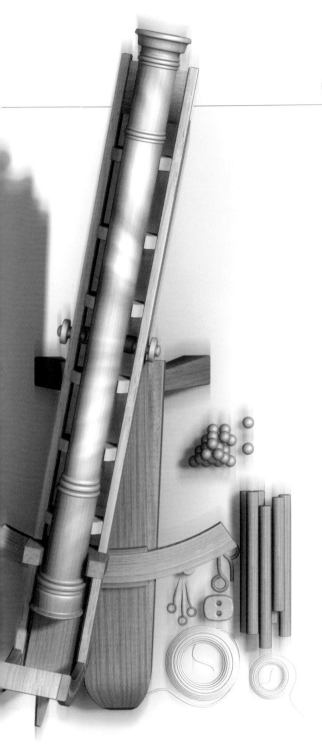

達文西的武器設計，大多是在他居住米蘭（約 1483～1490 年）的頭幾年，以及他返回佛羅倫斯之後（1502～1504）完成。他旅居米蘭期間，所設計的東西比較多樣化、也比較壯觀，不過實用性與可行性有其限制。達文西後來在武器設計上，更趨精準，而且設計重點集中在當時的軍事攻防重心：火砲。達文西寫給米蘭公爵盧多維哥・史佛薩（大西洋手稿 1082r）的信函中，花了很大的篇幅在談軍事工程：橋樑、圍城攻擊梯、射石砲、馬車、迫砲等等。當時達文西三十歲，決定轉換跑道，因而寫了這封信，請求史佛薩公爵的協助。當時他應該已經離開佛羅倫斯前往米蘭。據我推測那封信裡應該附有手繪的示意圖。大西洋手稿裡有幾張武器設計圖，圖稿的完成度很高，有一部分應該是要展示給公爵看的。這說明了為何手稿裡面的設計並不尋常：巨型作戰機械、威嚇作用驚人，而且製作困難、甚至不可能打造出來。幾乎可以確定的是，達文西這封信函是在他從佛羅倫斯轉往米蘭期間所寫的，而且他在佛羅倫斯的頭幾年，肯定投入很多時間在戰爭武器的研究上。過去早就有托斯卡尼的軍事工程專家如塔可拉（Taccola）及弗朗切斯科・迪喬治（Francesco di Giorgio）等人在武器研發的領域裡十分專精。年輕的達文西深知前輩成果斐然，而他旅居佛羅倫斯與米蘭期間的武器設計風格也深受前輩影響。比方說，達文西所設計的圍城機械（用來攻擊碉堡的牆面）設計圖，就反應了前輩們的研究成果，這種對古典工藝與精神的敏感度及興趣，正是文藝復興時期的中心思想。文藝復興當時，對於戰爭有了新的體認——戰爭不只是戰場上的實用藝術，更包含了文化層面。文藝復興時期最著名的軍事文獻之一，是在 1450～1455 年間由羅貝魯多斯・羅伯特（Roberto Valturio）所撰寫的《軍事論》，文中重建了古典時代所使用的主要武器。有趣的是，作者是一位人類學家，並非工程專家。烏爾比諾公爵的宅邸的牆壁上經常可見用來裝飾的古代戰鬥工具浮雕。圍城武器最能表現古典時期的戰爭藝術，達文西透過圍城武器的設計，等於是參與了文藝復興時期的最大工程——對古典精神的重新發現。達文西深信繪圖具有溝通價值，因為手稿讓他得以與軍事工程

前輩們溝通。不過，達文西卻更進一步超越傳統，他不只繪圖品質一流，還發展出創新的視覺展現方式（透視圖、全景圖及細部放大圖等）；最重要的是，他透過這些機械的視覺語彙，表達出更複雜的內涵和概念。如果我們把迪喬治論文中的機械草圖拿來和藝術繪圖做比較，差別是顯而易見的。迪喬治的機械圖和達文西一樣，將工程背後的理論具象化，堅信圖象是傳遞知識的一種工具。從描述和闡釋的觀點來看，迪喬治的圖稿十分精準。不過，由於這些圖稿是整篇論文的一部分，是配合論文而存在，充其量只具有裝飾性的效果。

　　機械繪圖和藝術繪圖之間存在的這種落差，卻被達文西完全弭平了。明顯的例子是達文西手稿裡一張描繪「防禦城牆」的手稿（大西洋手稿139r）；另一個更好的例子是達文西描繪巨砲鑄造廠的手稿（溫莎手稿12647），圖中除了畫出機械概念，還勾勒出工廠裡的工人赤裸上身工作的模樣。這只能解釋為達文西企圖從更敘述性的面向來取代技術繪圖，在這個例子裡，達文西是用赤裸上身的工人來表現他們工作時的認真和力度。後來，這個主題更進一步啟發達文西，不但啟發他的繪圖，也啟發他對人類飛行的研究。即使是在描繪殘忍的戰鬥馬車時（手稿見於杜林皇家附屬圖書館館藏手稿，另亦見於倫敦大英博物館），機械的表現也轉化為意象的表現，強調刀輪武器的恐怖殺傷力。手稿裡面，人體被切成肉塊，手稿旁邊還有達文西的註解：「殺戮破壞、不分敵我」。大約在 1504 年的佛羅倫斯，又再一次看到這種雙重面向的繪圖表現：在大西洋手稿72v的某一頁，火砲研究圖的旁邊就是一匹馬，而這匹馬正是達文西名畫〈安吉里戰役〉（*the Battle of Anghiari*）的草圖，該幅畫作是受佛羅倫斯共和國委託，為了維奇奧宮殿（Palazzo Ve-cchio）所做的壁畫。

　　達文西早期所設計的機械發明較具實用性、構造比較簡單，通常可以當場組建完成：如臨時便橋、可以讓人員裝備快速渡河的旋轉橋（大西洋手稿55r及855r）、各種圍城攻擊梯（如手稿B50r及59r），以及許多特異的長矛（阿士伯罕手稿2037）。在這裡，繪圖再度超越了實

用功能，長矛和攻擊梯是充分運用想像力後所產生出來的圖像。1499年，史佛薩公爵被法國人逐出米蘭，整個半島的政治情勢愈來愈不安。這一點從達文西受託進行的研究設計中可以看得出來。達文西還在米蘭的時候，可能就已經跟法國人保持連繫，連繫的目的是要為半島南部的軍事行動做準備。一離開米蘭之後，達文西立刻被威尼斯共和國找去，請教有關東邊疆界的防禦問題，還有鄂圖曼帝國的威脅。1502 年，達文西替正在攻打羅馬涅公國（Romagna）的貴族凱撒‧波吉亞（Cesare Borgia, il Valentino）工作。基於軍事的理由，各方人士都來找達文西，包括皮翁比諾地區的貴族阿比亞尼（Appiani）家族的傑克四世（Jacopo IV），還有正在跟比薩地區作戰的佛羅倫斯共和國。在這樣的時空背景下，達文西展開全新的軍事工程研究，風格與以前替史佛薩公爵所做的設計大不相同。此時達文西面對的是戰場上更切身的問題，他所提出的解決方式也更精準嚴謹、更週詳、也更創新。此時，達文西將巨型彈射弓和投石器等大而無當的設計都擱在一旁，專心投入 16 世紀最大的發明：火砲的運用。火砲在當時的戰爭中運用越來越廣泛，殺傷力驚人，被弗朗切斯科‧迪喬治稱為「魔鬼的發明」。16 世紀初年，達文西一直在研究火砲，分析它的攻擊面和防禦面。許多碉堡的發明，都是這個時期的產物（例如大西洋手稿 120v, 132r, 133r），他為巨型防禦工程設計了不同的外型，減低火砲的衝擊。碉堡的外牆不再是完全垂直或水平的，而是蓋成有弧度的線條，吸收爆炸時產生的震波，讓爆炸威力轉向。達文西也研究火砲，他後來的連射式大砲（16 管機槍置於同一載台）可能就是源自這個時期的啟發。連射式大砲是為了提供足夠的火力，而為了同樣的目的，達文西另有一些為堡壘設計的火砲防禦系統（溫莎手稿 12337v, 12275r 及大西洋手稿 72v）。達文西描繪砲彈路徑的精準畫技，尤其是彈道拋物線，真是令人嘆為觀止。手稿上密密麻麻、交錯複雜的線條，將原本肉眼看不到的砲彈路徑精準地呈現，充分顯示達文西在這方面所投入的時間與心力。

1452 出生於文西鎮
1460
1470
1480
1482 年左右
1490
1500
1510
1519 逝世於安堡埃

大西洋手稿 32r
Codex Atlanticus. f. 32r

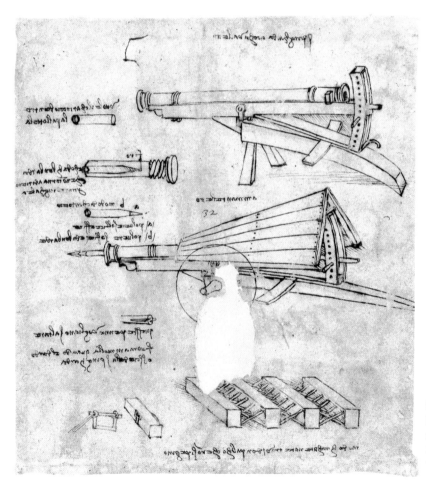

這張草圖如此明確，應該不需要註釋了。這也是一張證明了達文西所主張的「一幅畫等於一千句話」的草圖。

大砲 Springald

靜待被放置到砲架上
的嶄新砲管

優美的文字舖陳是達文西的手稿給人的印象。年輕時的達文西經常使用華麗的詞藻以及有如圖畫般的文字。然而，筆記充其量只能作為細節的註釋，在這裡最重要的還是草圖本身。

藝術家與工程師等的新知識階層的出現，使得十五世紀的義大利，已普遍認定繪畫是一種知識性的創造行為。之後，他們更將發明和機械設計廣泛定義為科學性的創造行為，這張草圖就是這項定義的代表之作，而達文西則是將其發展至極致的人。

文藝復興時期的中世紀，機械草圖只能作為輔助文字敘述之用，作用在於展示機械的外觀。雖然在當時光是「機械」這個名詞就足以令人瞠目結舌，然而草圖不但沒有整體結構和內部構造、各零件的相關說明，光用草圖是無法說明該機械用途的。我想或許在當時機械的構造屬於工程師的祕密？還是人們對於機械的真正用途只須有個粗淺的概念即可？不得而知。

相較於此，達文西的這張手稿用兩幅整體圖和標示數字、形狀、機能、各零件等相互關係的局部圖片，來詳細說明這項裝置。上方的整體圖說明了裝置的主要部分（砲管、弧型固定用具、三腳架等），而下方的整體圖則是表示加了頂蓋後車輪的位置。值得注意的是車輪的描繪方式，達文西在這裡只用一條線描繪其輪廓，用以說明這個裝置的搬運方式。就像是透視圖般，人們可以因此看到車輪的另一側，而車輪和主體的關係位置也能一目了然。

之後，達文西在人體解剖圖上也應用了這種手法，他將人體各種器官的相互關係，以簡易的方式表現。而因為機械草圖所研發的許多表現手法，後來也被應用在其他領域上。事實上，這張手稿中的兩幅整體圖的相互關係也是如此。大砲的整體圖（下）和拆下頂蓋和車輪後（上）之間的關係，和他用來說明人體解剖方法的順序圖是一樣的。

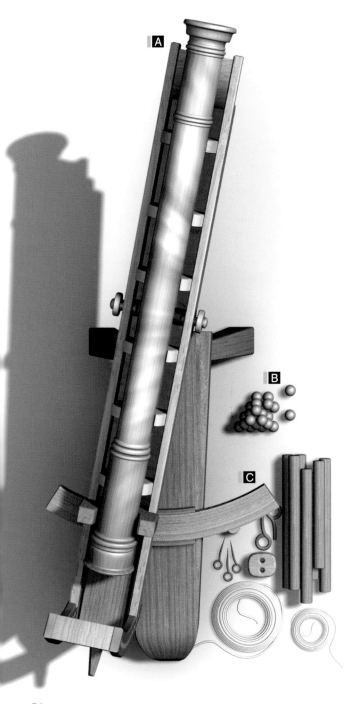

這項裝置最大且最重要的部位是砲管，砲管置於一堅固的可動式木製結構上，因此可有效地瞄準目標。這項創新設計使得大砲可以自由瞄準不同方向而不須移動砲管。裝置的體積龐大，為了承受發射後的反作用力，設計時特別將三腳架以繩索和楔形物固定在地面上，使得砲管得以在穩固的底座隨著目標上下左右自由移動。

達文西也設計出可確實裝填砲彈的構造。在記錄這項構想的草圖上，描繪了面向砲管正在瞄準目標的操作人員（根據砲身重量，需要兩人負責）和裝填砲彈的操作人員。

因為砲管可以上下左右地移動，所以射擊範圍相當廣泛。但是要涵蓋所有範圍是不可能的，在戰場上，不論有多少台此款大砲，應該都是把砲管朝向相同的方向。砲管的可動式系統，並非為了向四面八方射擊所設，而是為了確實瞄準一個目標物。

這是俯瞰圖。砲台底座設計為以繩索與楔形物形成的三角構造，這是用來承受發射的反作用力、以及使砲管能快速因應目標的變動。

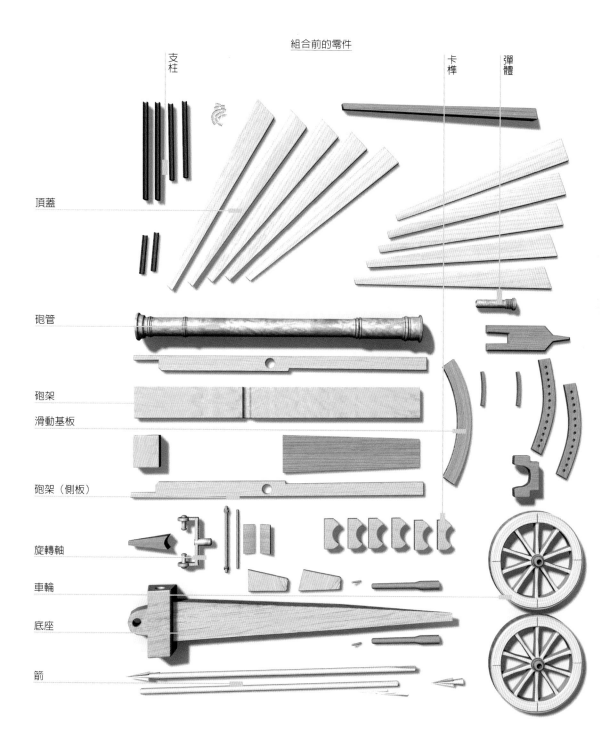

組合前的零件

支柱 卡榫 彈體

頂蓋

砲管

砲架

滑動基板

砲架（側板）

旋轉軸

車輪

底座

箭

A 砲管之所以能夠朝左右移動，是由於砲架沿著弧型的滑動基板移動所致，而將基板做成弧型就是為了準確且快速地水平移動砲管。砲管的左右可動範圍為20～30度。

B 上下移動並不像左右移動那樣簡單，可設定的角度也有所限制，砲架用接合器連接在底座上，必須由兩個人將整個砲架舉起才可移動（固定在地面上的三腳架應不在其中）。先將砲管搬到預設的角度，然後將木樁（或鐵樁）插入用來固定角度裝置的孔洞裡。為了以角度決定射程距離，最有效率的作法是先設定好上下的位置，接著再調整左右的位置。

C 達文西也構思了幾種獨特的砲彈。圖中的是爆裂式砲彈，裡面裝填了兩種火藥和彈丸。不需要每一發都到砲口處裝填，只要從砲管後方逐一裝填後即可連續發射。

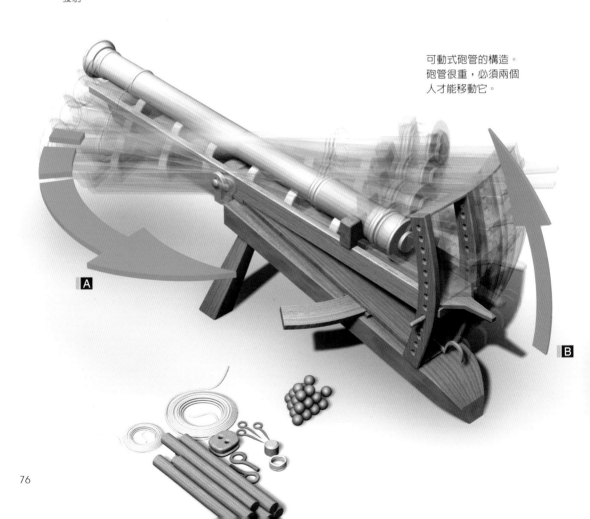

可動式砲管的構造。
砲管很重，必須兩個
人才能移動它。

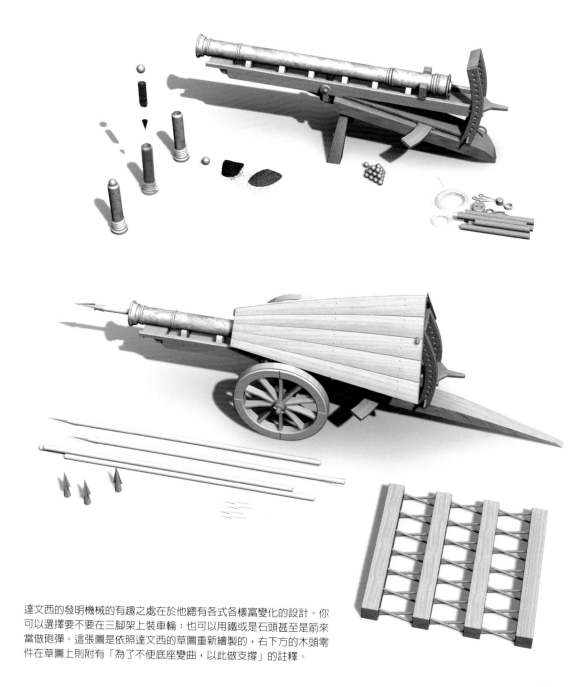

達文西的發明機械的有趣之處在於他總有各式各樣富變化的設計。你可以選擇要不要在三腳架上裝車輪；也可以用鐵或是石頭甚至是箭來當做砲彈。這張圖是依照達文西的草圖重新繪製的，右下方的木頭零件在草圖上則附有「為了不使底座變曲，以此做支撐」的註釋。

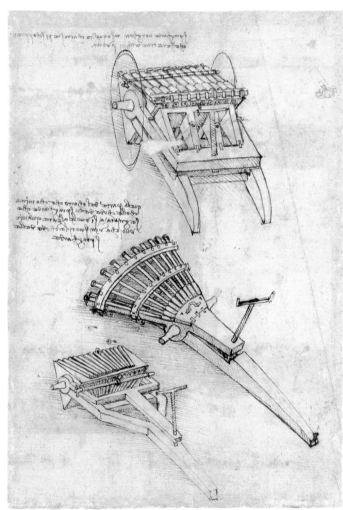

1452 出生於文西鎮
1460
1470
1480
1482 年左右
1490
1500
1510
1519 逝世於安堡埃

大西洋手稿 157r
Codex Atlanticus. f. 157r

三種機槍的發明計畫。
附有筆記。

多管機槍 Multi-barrelled Machine Gun

手稿中央草圖的重現圖

達文西或其他工程師有時會為了使展示給贊助者或客戶的手稿看來生動，而特意將各草圖以不同尺寸、角度描繪，這麼做的缺點是缺乏整體感。左頁的三種機槍是一例。上圖的圓形為車輪，和車體的連接部分則以透視圖表現。而下方兩幅草圖的車輪位置雖僅畫有輪軸，卻清楚地描繪了用來調節高度的零件（中間的圖片可以看出可調節的幅度並不多）。三幅草圖各自的特徵非常明顯，而且也可以互相對照。這樣的表現手法，無法藉由文字，唯有草圖才能做到。

火砲是當時最強大的兵器，發明新式武器是用以吸引當權者亦即贊助者關注的捷徑。然而，達文西又是為了誰發明這樣的武器呢？從記錄風格來看，這張手稿完成於達文西還在佛羅倫斯的 1480 年左右，當時的伊比利半島的政局還很穩定，在佛羅倫斯，勢力強大的烏比諾大公羅倫佐・梅迪奇（Lorenzo de' Medici）成為統治者，維持了短暫的和平時期。然而，後來發生了巴齊家族與梅迪奇家族的流血紛爭事件，整個佛羅倫斯因此充滿了動盪不安的氣氛。佛羅倫斯知名的工程師和建築師布魯涅內斯基和米開洛左（Michelozzo di Bartolommeo）為此製造武器和戰爭裝置，就連達文西曾待過的維洛及歐的工作室也擁有槍隻和鎧甲的鑄造技術。因此，年輕的達文西對軍事裝置感興趣也是理所當然的。

另有一個原因可能是達文西也希望像同鄉的前輩工程師們那樣快點離開故鄉，去為強大的君主工作。不僅前輩馬力安諾・迪・加哥波曾替匈牙利君主工作，甚至連弗朗切斯科・迪喬治也在烏爾比諾公國飛黃騰達。

雖然我們無從得知達文西在繪製這張美麗的手稿之時，是否已經下定決心前往米蘭。但可以肯定的是當他決定前往米蘭時，手上拿著的是軍事裝置的發明計畫。

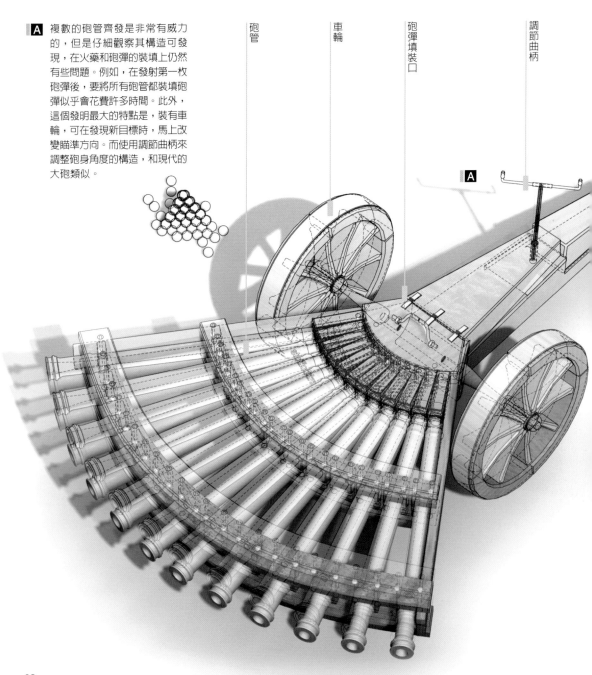

複數的砲管齊發是非常有威力的，但是仔細觀察其構造可發現，在火藥和砲彈的裝填上仍然有些問題。例如，在發射第一枚砲彈後，要將所有砲管都裝填砲彈似乎會花費許多時間。此外，這個發明最大的特點是，裝有車輪，可在發現新目標時，馬上改變瞄準方向。而使用調節曲柄來調整砲身角度的構造，和現代的大砲類似。

砲管

車輪

砲彈填裝口

調節曲柄

80

全部的砲管都朝向正面的設計。和左頁的裝置相比，攻擊範圍狹窄許多，但中央的砲管部分能夠旋轉，只要移動後方的支撐隔板（砲管的底座），便能夠調整砲口的高度。在這項設計中裝填砲彈也同樣地要花費許多時間。

砲管

中央旋轉部位

支撐隔板

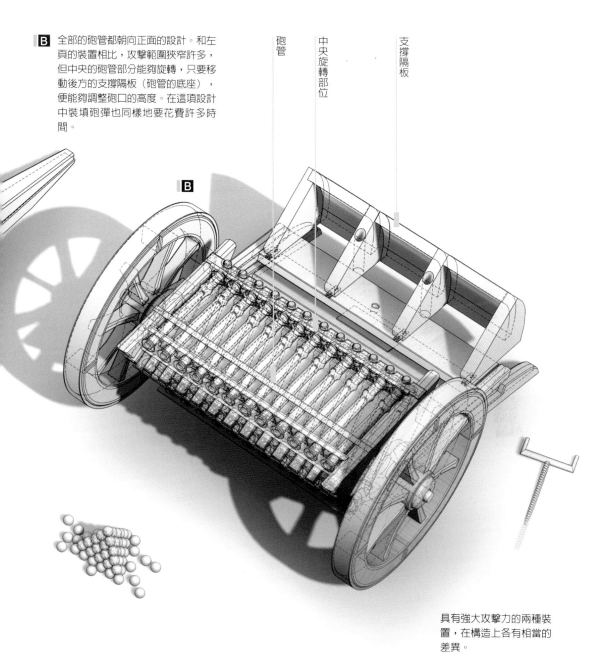

具有強大攻擊力的兩種裝置，在構造上各有相當的差異。

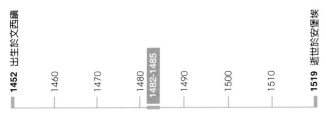

1452 出生於文西鎮	1460	1470	1480	1482-1485	1490	1500	1510	1519 逝世於安堡埃

大西洋手稿 139r
Codex Atlanticus. f. 139r

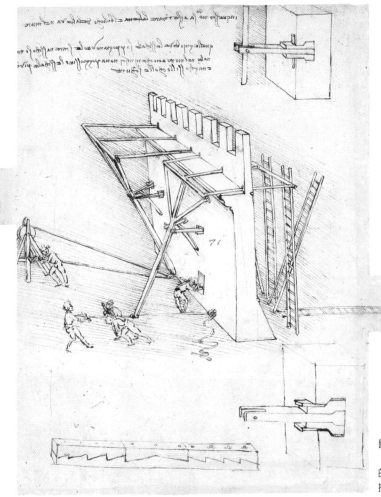

圖稿裡描繪了防禦城牆的外側
（右）置有攻擊的一方所使用
的攻城用梯子，城牆內側則有
操作裝置的防守人員。

防禦城牆 Defence of the Walls

　　這張是達文西早期的手稿中非常珍貴的一張。手稿中不只繪有機械，也畫有人像，全圖有如在廣大空間中進行實際演練。

　　雖然達文西的前輩加哥波也完成了具有各種背景、插畫般的機械圖，但達文西的草圖則繞富深層涵義。從某種意義上來說，達文西在此手稿中所表現出來的是與毫無情境的新式機械圖完全迥異的樣貌。

　　手稿中的機械是一種將嵌在牆壁中的木頭推出，以推倒敵人梯子的裝置。達文西在這張手稿中分別使用了繪製戲劇場景，以及純粹描繪機械等兩種手法來呈現這個裝置。其中不但畫有操作的人的動作以達到戲劇般的效果，也成功地達到以「最小空間完成最大表現」的境界。

　　整張手稿中，他只畫出了單面城牆，草圖也完全沒有傳達出裝置的構造和理論。雖然如此，手稿中還是清楚畫出這個裝置所具備的兩種操作方式──需要兩人以上的人力操作，以及以一人之力便能操作的絞車（起重機）方式，只要轉動絞車上的操作手把，嵌在牆壁中的木頭便會被推出。而手稿中也有結構的相關部分局部放大圖，讓人清楚了解該構造。

　　而關於草圖中的人物姿態，達文西使用線影來表現其律動感，不但呈現出空間的廣度，也表達出人類用力施力的姿態。由這張手稿可得知，一種不侷限於單純機械圖的新表現型態已經誕生。

　　用來表現人類各種動作的線影是一種既簡單又實在的效果表現方式，而事實上，達文西在這個時期所繪製的畫作〈賢士來朝〉（*The Adoration of the Magi*）也使用了相同的線影。在當時，對於達文西來說，為了藝術繪製的畫作以及為了科學技術所繪製的圖畫，並不如現代這般天差地遠，因此，當時達文西的機械圖也兼具藝術觀賞性。

A 梯子是 16 世紀時經常被使用的攻擊工具，攻擊的一方將梯子架設在城牆上，和於城牆內防守的一方進行激烈的攻防戰。這時候多少都會有一些犧牲者，但是一旦能越過城牆，便能從內部打開城門接應援軍入內。因此戰爭時為了能夠守護城堡、防止敵人從城牆入侵是至關重要的。

B 達文西的奇妙點子是將設置於城牆外側的長條型推出桿推出，進而將敵人的梯子推倒。操作時只要轉動絞車上的操作手把即可啓動裝置，將推出桿推出。推出桿可以反覆推出收回，直到將敵人推落到地面為止。

C 城牆外側的裝置則以幾根穿過城牆孔洞的木棒和內側的裝置連結在一起，由一人或數人操作絞車，然後在短時間內將推出桿推出去。

D 支撐桿的部分（如圖所示）是達文西應用了幾何學所產生的天才構想。整個以不被敵人從外側攻擊為目的，設計成嵌入城牆內側的形式，如有需要，不但可以拆除或維修。

嵌入城牆的支撐桿的構造

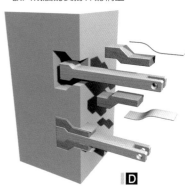

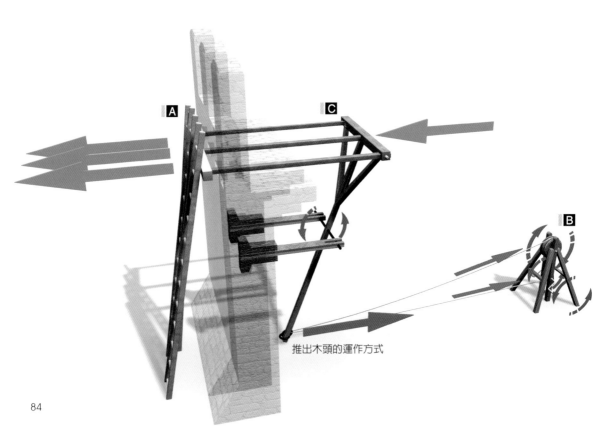

推出木頭的運作方式

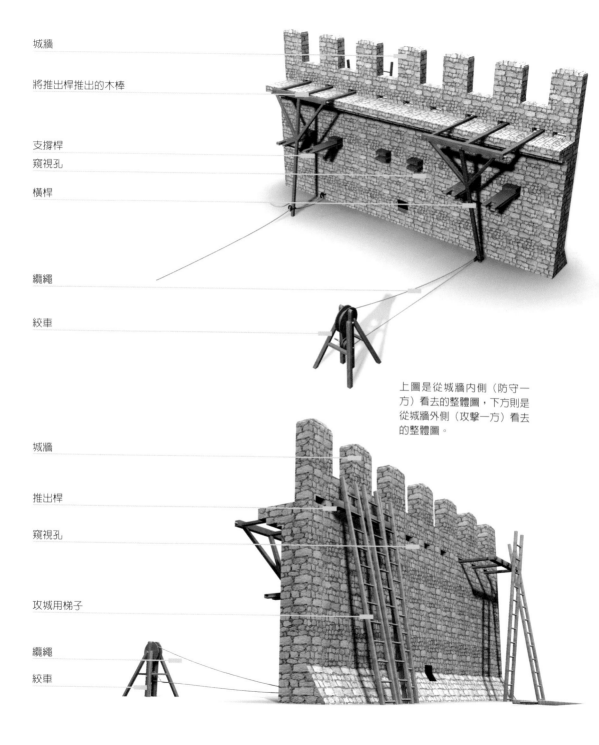

城牆

將推出桿推出的木棒

支撐桿

窺視孔

橫桿

纜繩

絞車

上圖是從城牆內側（防守一方）看去的整體圖，下方則是從城牆外側（攻擊一方）看去的整體圖。

城牆

推出桿

窺視孔

攻城用梯子

纜繩

絞車

1452 出生於文西鎮

1460

1470

1480

1485 年左右

1490

1500

1510

1519 逝世於安堡埃

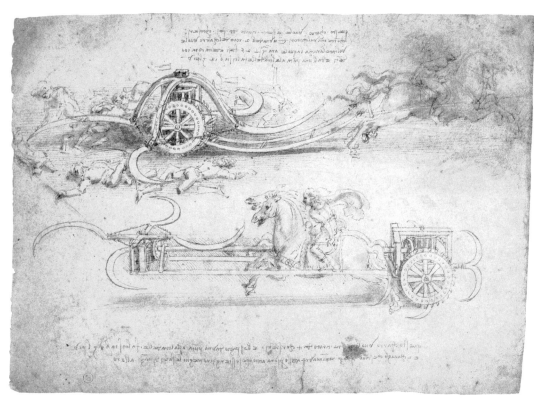

兩種戰鬥馬車。描繪出饒富
戲劇性的戰爭場面。

戰鬥馬車 Scythed Chariots

這是達文西旅居米蘭初期所繪製的機械草圖中最精美的一張。手稿中所描繪的是兩種戰鬥馬車。政局不安的文藝復興時期的歐洲，處於隨時可能發生戰爭的狀態。戰爭中所使用的機械一向頗受世人的關注，不但因為這些機械實際可用，其中甚至具有文化涵意。比如說，古典時期發明的再發現。這些戰鬥機械不僅獨特而且令人眼睛為之一亮，事實是它們確實可以製造出來。烏爾比諾公爵的宅邸牆壁上，有一系列以戰爭機械為主題的壯麗雕刻，而那正是在這樣的背景下產生的。

達文西所設計的釘輪

文藝復興時期，畫作被認為和實物有同等價值，我認為生於現代的我們更是應該學習這樣的精神。然而，這張戰鬥馬車手稿，在以圖畫做說明這一點上，可說正體現了文藝復興時期人們的精神。雖然手稿上有兩段筆記說明，但是只看草圖就能體會武器的攻擊力。

從這個時期開始，達文西的機械草圖中就清楚描繪了操作機械（或是作為裝置的犧牲品）的人類或動物的圖像，因而顯得更加富有戲劇性。而這份手稿也因為配有鐮刀這種具殺傷力的裝置，而充分顯現出戰爭的恐怖氣氛。此外，達文西還加上了「殺戮破壞、不分敵我」的註解。

多年之後，他稱戰爭是「殘無人道的瘋狂行為」，並在其畫作〈安吉亞戰役〉中，描繪了勇猛戰士們宛如野獸般的表情和姿態，而這也是達文西後期作品的一貫觀點，而這張手稿──特別繪製了身體被切開的士兵的草圖──更能看出達文西對於戰爭的看法的改變。

這張手稿應該是隨著給米蘭史佛薩公爵的自薦信一起遞出的。對於擁有強權的史佛薩公爵，達文西很難把這張手稿中的涵意傳達出去。也正因為如此，達文西的戰鬥機械無法吸引掌權者的眼光，即使遇到庸才，掌權者們很可能還是寧願重用這些比達文西更實際的工程師。而這也正是達文西懷才不遇的遭遇。

A 這個裝置的中央部分配置了馬匹，我們暫且不考慮空間和馬匹的安全性，假定這項裝置在戰場上確實可以使用。

B 馬匹拖拉的兩個大車輪上連接了大齒輪。大齒輪與戰車中間的一根橫軸相接，可連帶轉動馬匹前方的齒輪。為了使敵人無法靠近，馬匹前方也裝上一把大型戰車鐮刀。

C 車輪轉動將帶動齒輪旋轉，此時，安裝在裝置前後方的鐮刀也會跟著旋轉。

D 後方的鐮刀是用來攻擊靠近的敵人的裝置。

E 前方的四把鐮刀以長型旋轉軸（驅動軸）來驅動。

配置在裝置前方的四把鐮刀

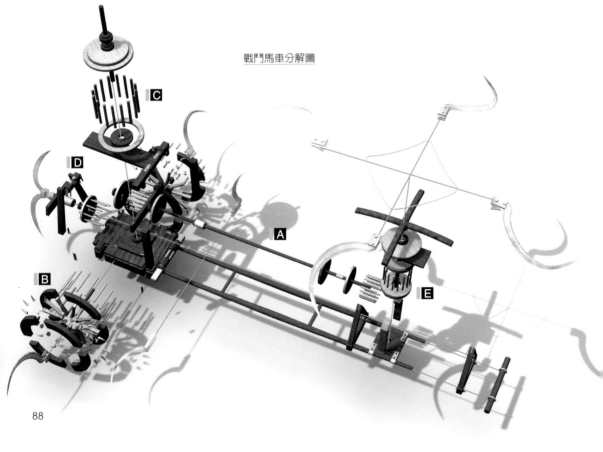

戰鬥馬車分解圖

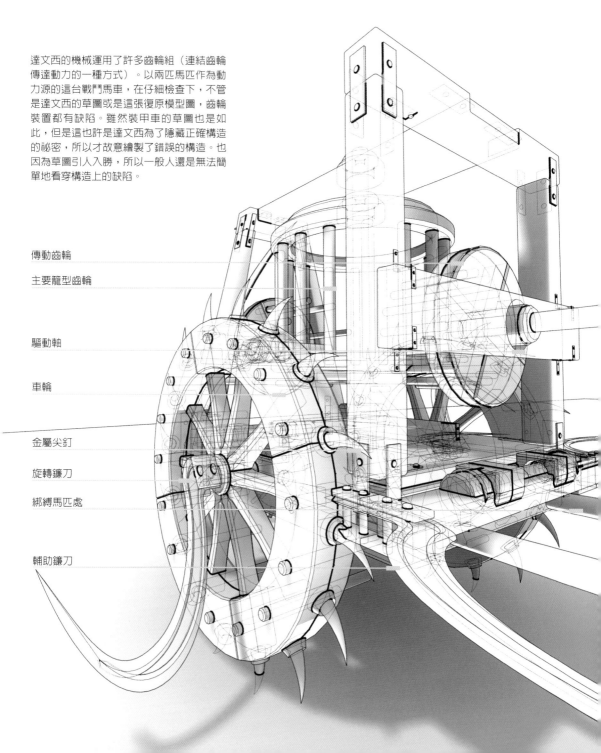

達文西的機械運用了許多齒輪組（連結齒輪
傳達動力的一種方式）。以兩匹馬匹作為動
力源的這台戰鬥馬車，在仔細檢查下，不管
是達文西的草圖或是這張復原模型圖，齒輪
裝置都有缺陷。雖然裝甲車的草圖也是如
此，但是這也許是達文西為了隱藏正確構造
的祕密，所以才故意繪製了錯誤的構造。也
因為草圖引人入勝，所以一般人還是無法簡
單地看穿構造上的缺陷。

傳動齒輪

主要籠型齒輪

驅動軸

車輪

金屬尖釘

旋轉鐮刀

綁縛馬匹處

輔助鐮刀

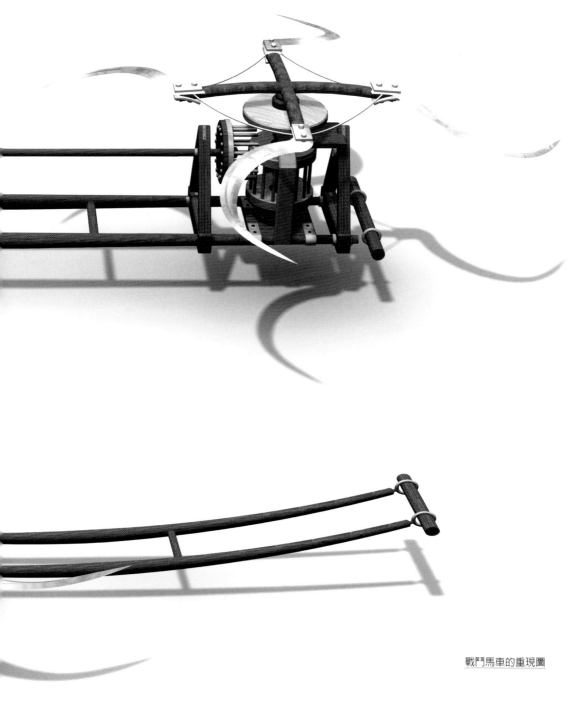

戰鬥馬車的重現圖

1452 出生於文西鎮

1460

1470

1478-1485

1480

1490

1500

1510

1519 逝世於安堡埃

大西洋手稿 154br
Codex Atlanticus. f. 154br

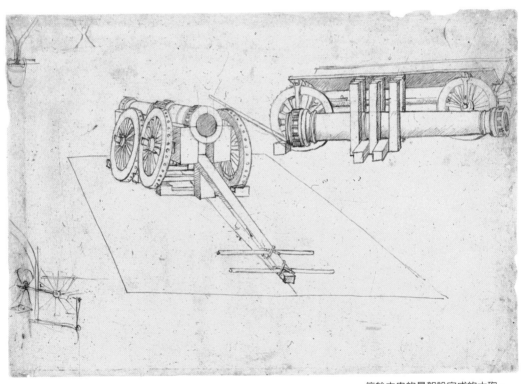

位於中央的是架設完成的大砲。
右上方是砲管被拆卸下來的狀態。

拆卸式大砲 Dismountable Cannon

全新鑄造的砲管

　　這張只畫草圖的手稿是大多數達文西手稿最終下場的最佳範例。事實上，它是一頁碎紙片原屬於某一大張手稿，和其他佚失的碎紙片集結成一份大西洋手稿（編號 154、或許 73 及其他）。

　　十六世紀末期，有一位名為彭佩歐·萊奧尼（Pompeo Leoni）的雕塑家大量收藏達文西的手稿，並將其全部彙整後編成一冊，但這一冊手稿內容雜亂無章，我揣想當初彭佩歐·萊奧尼原本就不打算將手稿彙整成冊。他先將手稿全部都打散，然後依照主題——雖然我們完全看不出來——重新排列，完成了大西洋手稿。雖然大家都知道他是一個充滿知性與好奇心的人，但是由他獨斷獨行排列出來的手稿來看，簡直就是毫無秩序可言。

　　如果以裝置的特性和技術的類型來看，這張手稿是達文西在年輕時所繪製而成的。手稿中某處粗糙的草圖，很讓人懷疑那是否真為達文西的畫作，但這的確是左撇子所繪製的作品。草圖中毫不遲疑且清楚繪製的線條，可以感覺這並不是達文西不斷嘗試，不斷修正的作品，而是他在描繪前就已構想完成。另一方面，這也很可能是達文西借用某一個人的構想所畫出來的草圖。

　　這兩幅完美的草圖背後藏有精采的故事：在 1500 年時，達文西曾拿起今天同樣集結在大西洋手稿中的 154a 來看，這張手稿引發他的靈感，因而決定重新構思大砲。

　　從草圖的繪畫方式與筆觸來看，草圖相當卓越並富有獨創性。然而，手稿邊上的粗糙草圖卻令人無法忽視。對此，我有兩個猜測：其一，我認為那是達文西看到手稿上幾年前原有的舊構想，引發了他的設計靈感，而直接將改良後的設計直接畫在原手稿上。另一個可能是，達文西的筆記本曾在工作室中傳閱，那粗糙的草圖是他的學生隨性加上的。類似的情況，我們也可以在達文西的其他手稿中發現，如：軍事機械相關研究手稿。

A 移動大砲的方法非常簡單,只要拉動大砲即可,正因如此,達文西為戰爭時各種狀況的因應方法絞盡腦汁。長距離移動時怎麼辦呢?移動的時候,又不能張揚,該怎麼做呢?對此達文西思考出分解砲座和砲管的構想。草圖描繪的數塊板子很可能是用來保護砲管和以槓桿原理搬運砲管的工具。即使不使用起重機或吊車,這些工具也能將大砲搬至貨車上運送到戰場。

B 架上砲管的大砲。有四個搬運用把手,不管是活動或變換方向都必須藉由四個人一起搬運。搬運用把手和裝置主體構成 V 字形,但是這個裝置絕妙之處在於,掛上搬運用把手後,主體就會變成能夠輕鬆搬運的構造。同時,固定台將車輪緊緊嵌住,以應付發射的反作用力。此外,達文西還發現如果輪軸傾斜的話,裝置主體就會更加安定,因此也在車軸的傾斜設計上下足了工夫。他在鐵輪上裝設了尖釘,在容易打滑的戰場地面上也能順暢地移動。

搬運用把手

後方固定台

傾斜的輪軸

裝有尖釘的鐵輪

B

手稿中央草圖的重現圖

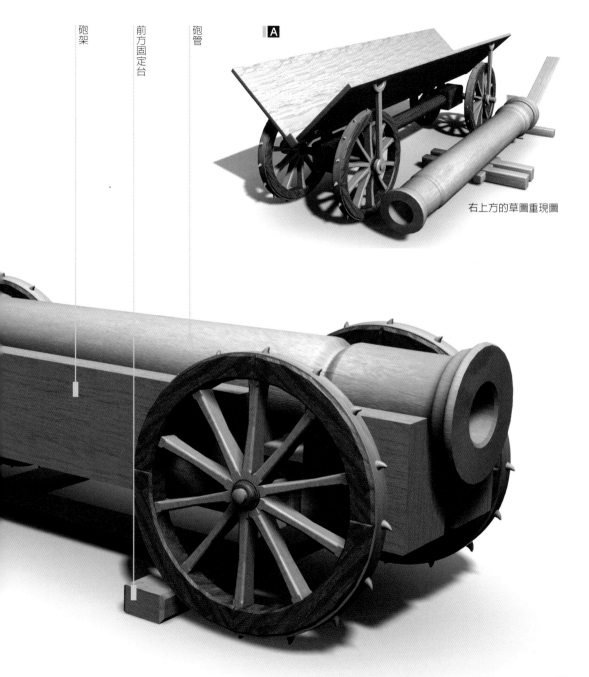

砲架

前方固定台

砲管

A

右上方的草圖重現圖

95

1452 出生於文西鎮

1460

1470

1480

1485 年左右

1490

1500

1510

1519 逝世於安堡埃

大英博物館素描室（Popham 1030）
London, British Museum, Popham no. 1030

左圖呈現出裝甲車的內部構造。
右圖為想像裝甲車在戰場上高速
行駛的狀態。

裝甲車 Armoured Car

這張手稿的上半部為戰鬥馬車，下半部則繪製了裝甲車。兩種武器都是文藝復興時期的人們參考古代的戰鬥武具加以改良所設計出來的武器。達文西有段時間也熱衷於古代的戰鬥武器，他曾就戰鬥馬車留下了「類似馬車的種類繁多……」的筆記。

然而，文藝復興時期的藝術家和工程師等所謂的新知識階層，他們僅止於崇拜古代的文化，卻不會一味地模仿。也就是說，他們所抱持的目標就是要超越古代的文明。

從人類的視線高度看去的
裝甲車重現圖像

這種令人聯想到龜殼的裝甲車早在古代已被發明出來，而且是一種在中世紀就廣為人知的武器。達文西從這種裝甲車獲得靈感並加上創意地加以改良，製成了新型戰鬥裝置。當然，不論在繪畫、雕刻與建築方面，達文西司法前人的作法不但沒有阻礙其創作靈感，反而更激發出火花。他設計了戰車的新式移動法（利用人類動力或動物動力），是一種讓動力繞著砲管周圍旋轉的嶄新設計。

達文西繪製戰鬥馬車和裝甲車手稿的年代可以遠溯至 1485 年左右。這段時間正好是達文西的簡單實用機械圖即將轉變為饒富意境設計圖的過渡時期。這裡的兩張裝甲車草圖表現出各個裝置的外觀和內部構造，可說是這項戰鬥武器的解剖圖。然而，比較兩張草圖的表現方式，描繪內部裝置的左圖較右側的外觀草圖更為精緻。然而，雖然左側的草圖說明了這項裝置是以齒輪和車輪活動，但相對於右圖不只呈現裝置的外觀，還一併描繪出沙塵和發射煙霧的動態表現方式，左側的草圖還是稍微缺少了些許趣味性。上方的戰鬥馬車也一樣，與簡單明瞭的裝置草圖相較之下，其中對於人類和動物的饒富戲劇性的表現手法──馬甩動頭部的動作，騎士似乎察覺到危險而回頭──正是這張草圖引人入勝之處！這種傳達出戰爭時人們亢奮的動作表現，比起冰冷無趣的機械草圖，更能將想法與概念表達出來。

事實上，這台裝甲車從不曾在戰場上奔馳，達文西自己也曾經這樣敘述道：「製作一台既安全又讓敵人無法接近的裝甲車吧！將這些裝甲車橫向排成一列，架起大砲深入敵人的陣營中，敵人將無一倖免。然後裝甲車後方再配置步兵隊，步兵隊便可以因此安全無虞，不用擔心敵人的攻擊。」

總之，這項裝置並不以殺傷敵人為目的，而是希望能達到恫嚇敵人的效果。理論上，這項裝置的構造需由八個人合力驅動，並且同時操作砲管。然而，以操作桿和齒輪來驅動車輪需要的動力又遠遠超出人力可及。雖然達文西也曾想以牛隻或馬匹代替，但是在狹窄的裝甲車中，這種作法實在難以實現。

車輪的構造非常單純，轉動中央曲軸即可運轉。一旦開始作動此項裝置，而地面也一片平坦的話，車輪就能因此持續平穩地轉動。但問題在於車輪是否真能轉動。因為這個構造所能產生的動力並不大，而且裝備也重得不合邏輯。此外，也因為車身很高，達文西似乎有意在中央部分設置梯子。最上方的塔台可察看戰場的情勢，以確定砲擊目標。四周則設置了一圈砲管。

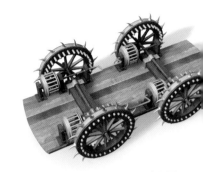

車輪部分。懷抱著對達文西的敬意，我們將結構上的缺點修正後重現出來。

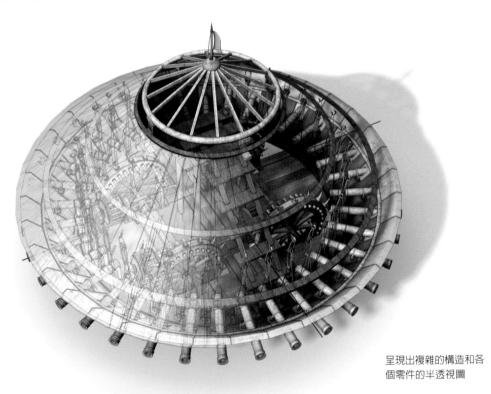

呈現出複雜的構造和各個零件的半透視圖

装甲車的分解圖

塔台

頂蓋

頂蓋的底座

梯子

砲管

砲管的底座

輪狀支撐結構

下方遮蓋物

驅動部分

車輪

底板

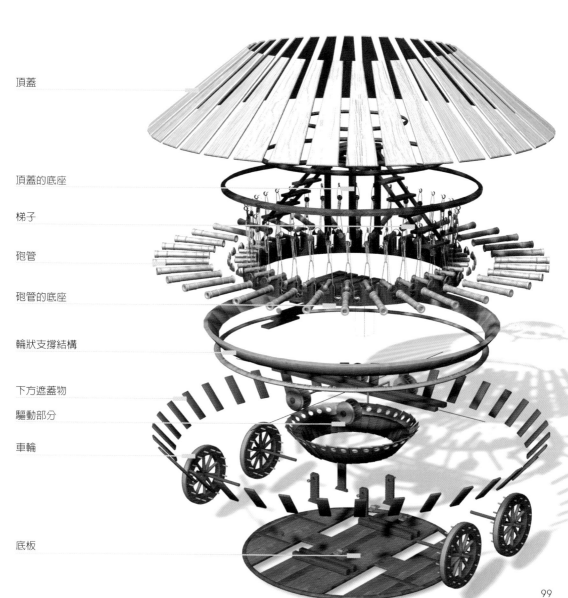

1452 出生於文西鎮

1460

1470

1480

1485-1490

1490

1500

1510

1519 逝世於安堡埃

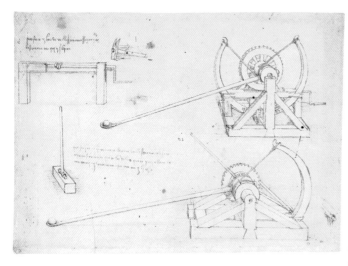

應用了彎曲木板（彈簧片）的
反作用力所發明的投石器

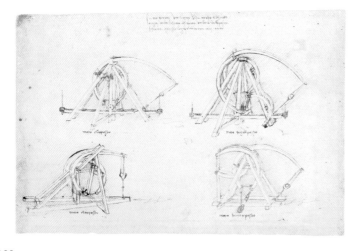

投石器 Catapult

達文西將兩款彈發式投石器同畫在一張紙稿上。這是 1485～90 年左右繪成的手稿，現在被分為兩頁。從概念觀點來看，這兩張手稿相當有趣，因為其中一方面包含了達文西早期的研究元素，另還可窺知1490年代的研究要素，達文西在那段期間，以革命性的解決方式，使得他在各領域的研究達到非常平衡的發展。

這張手稿的幾幅草圖特徵反應出達文西的年輕時代背景：投石器在當時已經是廣為人知的武器。這和當時的最新武器——火器一樣，也是實際在戰場上被使用的常見武器。此外，投石器是一種古代發明出來的古戰鬥武器，所以在具有研究古典文明特徵的文藝復興時期這也是經常被拿來研究的標的。也就是說，達文西的研究不只是懷舊，他所研發出來的是由彈簧組成的新式投石機。或許達文西在不斷嘗試摸索中而繪製出數種設計，但很可能在設計之初，就設定了以彈簧構造為研究目標。

完成發射準備的投石器

有一本達文西已經佚失的名著《機械零件論》（*The Treatise on the Elements of Mechanics*），其內容只能從馬德里手稿 I 僅存的記述中推測得知概要，目前可以確定的是，這是一本創新之作，內容特闢一個章節介紹車輪和螺絲、彈簧等機械的基本零件。

在該章節中，達文西並不是以機械的「發明」為目的，而是以「基礎構造的研究」為目的，專文解說機械設計的理論架構。對於機械，他所抱持的這種嚴謹態度，充分表現在這份手稿裡關於投石器的繪製方式和各部位的配置方法上。

此外，在《機械零件論》中，接續在說明基礎理論的章節之後的是，專門傳授針對機械學的法則及各零件（車輪及彈簧等）的實際應用技巧。我們無法從左頁的草圖中窺知這個章節的內容。不過這份手稿還是可以讓人一眼看出將彈簧構造應用於武器上的具體方法。

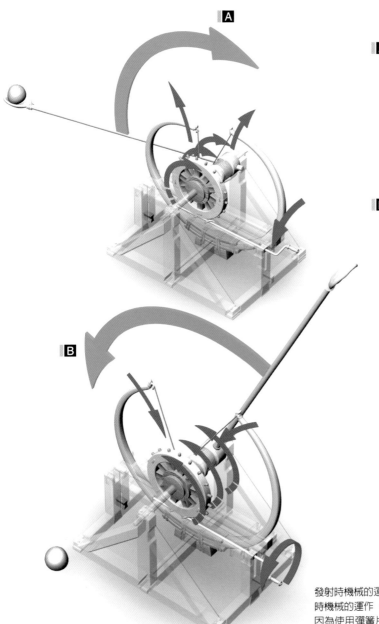

A 射程長，可以狙擊距離遙遠的目標物。達文西的目的是設計出兼具威力和實用性的投石機。而動力是由兩片彈簧產生，將這兩片弧型的彈簧片拉緊，懸臂的前端輕放石球。用力轉動前方的操作桿，裝置的弧狀彈簧片就會彈開恢復成原本的形狀，因為這個反作用力就會讓石球從懸臂上被發射出去。發射物體不限定為石球，也可以是火球。

B 發射後就要再次轉動操作桿，拉緊彈簧片，準備下一次的發射。但是彈簧片非常堅硬，光只是手動旋轉操作桿是沒有辦法使機器進入發射狀態（過度用力，操作桿會斷裂），於是達文西在齒輪中安裝了用來固定彈簧片的棘輪。當操作者在轉動操作桿時應該可以聽到棘輪喀茲喀茲的聲響。此外，因為發射的衝擊力道大，裝置本身必須以繩索和木樁固定在地面上。

發射時機械的運作（上），以及準備發射時機械的運作（下）。其構造相當簡單，因為使用彈簧片，就可以連續發射。

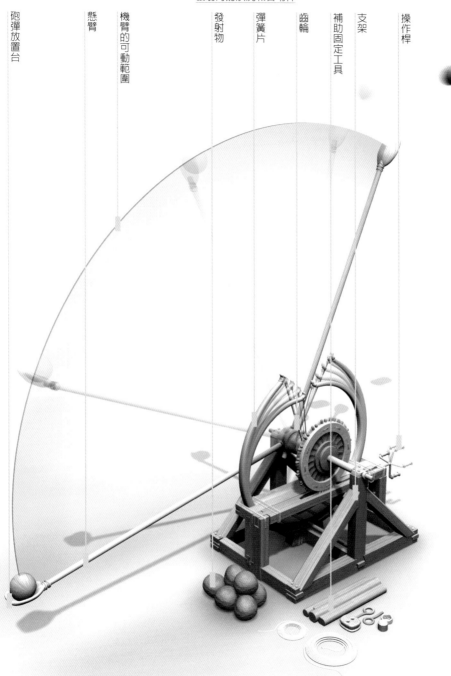

發射時的狀況和各零件

砲彈放置台

懸臂

機臂的可動範圍

發射物

彈簧片

齒輪

補助固定工具

支架

操作桿

用投石器攻擊敵人碉堡的想像圖

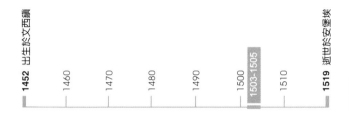

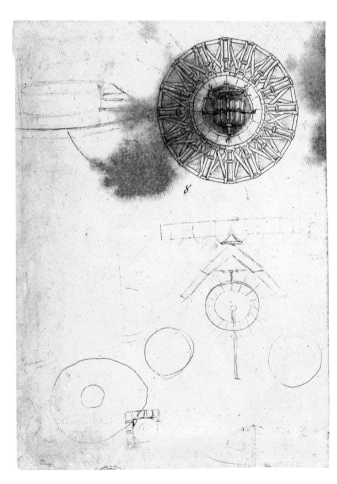

大西洋手稿的第一頁。除了右上方
的草圖外,其他部分因為筆觸太
輕,所以無法清楚解讀,其中可能
藏有影響解讀此發明的關鍵。

連射式大砲 Barrage Cannon

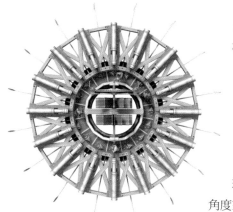

參照草圖所繪出的從正上方俯瞰的結構想像圖

大西洋手稿是在達文西死後，約十六世紀末期時由散亂的碎紙片匯編成的書冊。這份手稿便是其中的一頁，右上方畫有大型的「連射式大砲」，是一種圓形底座圍了一圈砲管的戰鬥裝置。此外，原稿 B 中也有和這份手稿極為相似的草圖，同樣也使用這個名稱。

這份草圖看來像是集之前研究之大成所繪製成的完美之作。達文西以清晰的線條清楚地勾勒出整體構造，並以線影和墨染完美地完成這項作品。從線條的傾斜角度來看，可以確定這是由左撇子所繪製的。再仔細觀察也可以發現線影是繪者一邊旋轉著紙張，一邊繪製而成的。而之所以使用墨染技巧，很可能是為了強調砲管的真實性。

我們無法得知這張草圖的完成時間，但是原稿 B 中其中一張相似的手稿，是在西元 1485～89 年完成的（雖然和這份手稿相似，但是構造較簡單，是一台搭載在軍艦上的裝置）。當時，達文西的草圖以簡潔的細膩線條為其特徵，但是一般認為這份原稿 B 中的作品透露出西元 1504 年左右，達文西繪製「安吉里戰役」時充滿力量的畫法。然而不幸的是，隨後這份手稿被人任意地畫了些與連射式大砲毫不相干的草圖。而且不是達文西親筆繪製的。

此外，左圖雖是大西洋手稿的一頁，卻充滿力量，相當具有超越機械設計圖的震撼力。從正上方的角度所描繪的俯瞰圖幾近平面圖，但是達文西仍將細節仔細地描繪出來。一連串的對角線和對角線所構成的圓形，形成美麗的幾何圖形，猶如真實的機械一般。這大概就是所謂的說服力。看著圖中呈放射狀排放的數管砲管，耳邊似乎就能聽到發射時所發出的震天聲響，彷彿也能看見由砲管連續發射而出的砲彈。之後一直到了十六世紀中葉米開朗基羅設計了知名的聖彼得大教堂（Basilica di San Pietro），才又讓世人看見那與達文西一般充滿力量的作品。

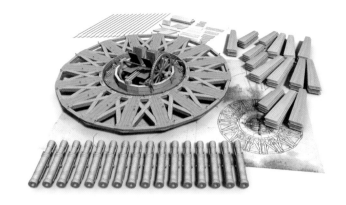

主草圖以外的的圖案大都筆跡模糊難以辨認，這台巨大砲可作數種猜測性的解釋。其中，將它設置在高塔或是大型建築物上的說法最具說服力。但是仔細驗證之後便會發現，大砲上類似外蓋的設計，使得這項說法不合常理。

主草圖中，主體的各個對角線的兩端都置有兩支砲管，仔細觀看即可隱約看見對角線的線條。此外，另一種解釋則是這台大砲很可能用於水上作戰。這樣一來，大砲的中央部分的水車扇葉般的構造也就有合理的解釋。若假定它是設置在高塔上，那麼水車扇葉部分就是多餘的設計。此外，若考量整體的重量和組裝難度，似乎「水上用大砲」才是最符合假設的解釋。

以手稿左側的模糊草圖為基礎所繪出的組裝後的重現圖。首先，將砲管設置在底座上，然後組合上木框，最後蓋上外蓋即可。

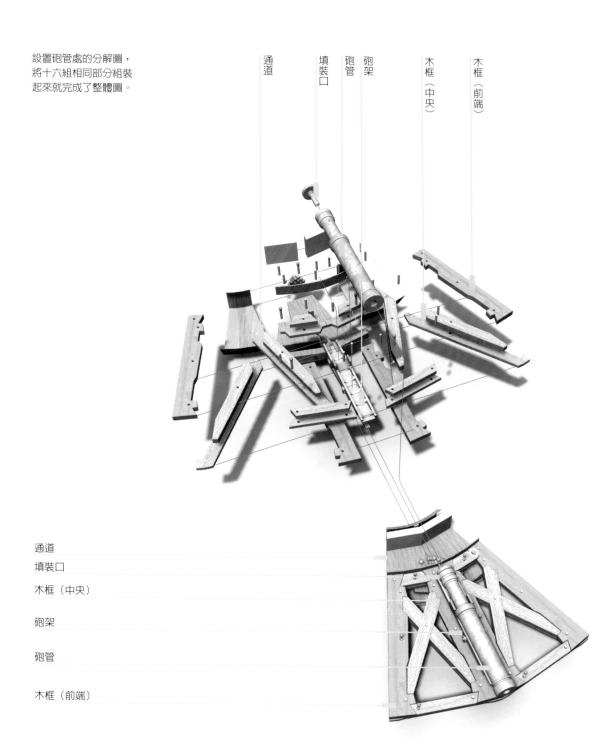

設置砲管處的分解圖，
將十六組相同部分組裝
起來就完成了整體圖。

通道

填裝口

砲管

砲架

木框（中央）

木框（前端）

通道

填裝口

木框（中央）

砲架

砲管

木框（前端）

A 如果設定這台裝置是使用於水面上，不但讓這台大砲一下子生動起來，而且也能夠輕易說明移動和操作的結構。雖然這是台又大又笨重的武器，但是若能像船隻般以水車扇葉作動力的話，似乎就能浮在水面上並且行進。此外，這項裝置也有相當的機動性，兩台水車扇葉中若有一台停止轉動，或兩台分別以相反方向運轉，應該就能夠改變行進方向。

B 若要啓動這項裝置必須合兩人之力才能轉動大型的驅動輪。達文西很可能是考量到內部空間，才將連接在驅動輪的操作桿設計成彎曲狀。在這裡，達文西發明了能夠輕鬆行進的減速裝置，就是安裝兩個小型傳動齒輪和轉動手把在驅動輪兩側。一旦裝置開始運作，水的阻力便會減少，乘坐在上頭的組員便能轉動操作桿，以轉動驅動輪。從裝置大小的比例來看，應該能產生一定的速度。

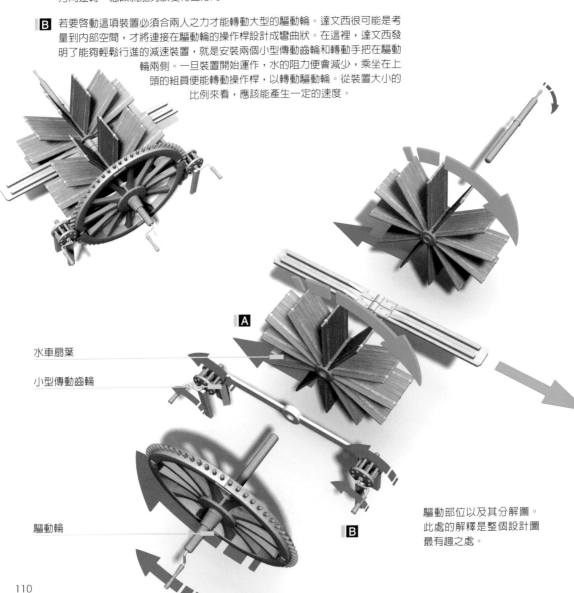

水車扇葉

小型傳動齒輪

驅動輪

驅動部位以及其分解圖。
此處的解釋是整個設計圖
最有趣之處。

整體想像圖

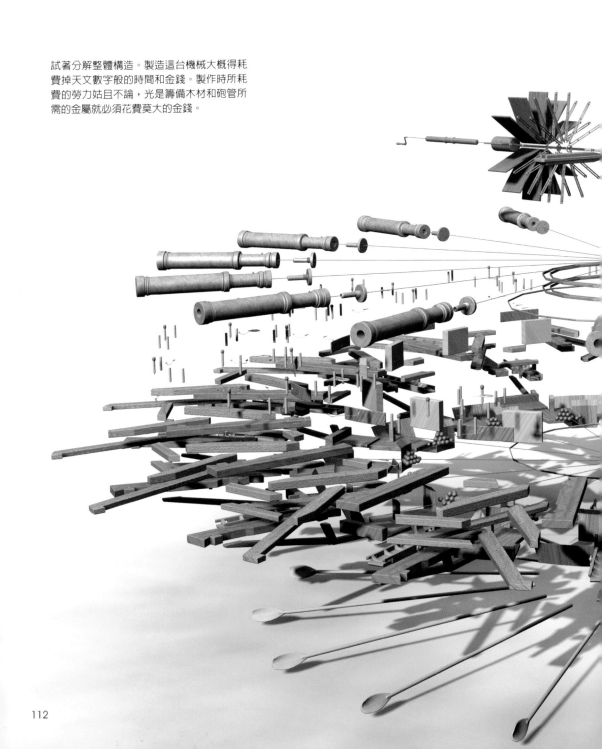

試著分解整體構造。製造這台機械大概得耗
費掉天文數字般的時間和金錢。製作時所耗
費的勞力姑且不論，光是籌備木材和砲管所
需的金屬就必須花費莫大的金錢。

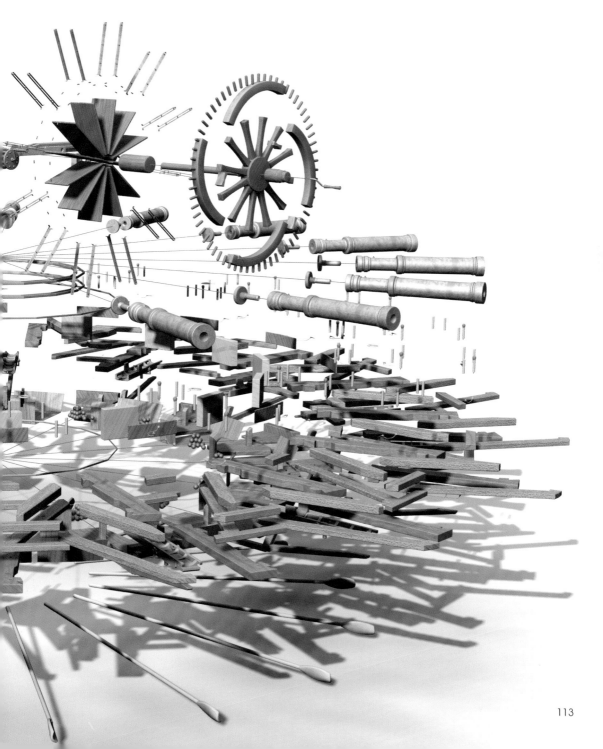

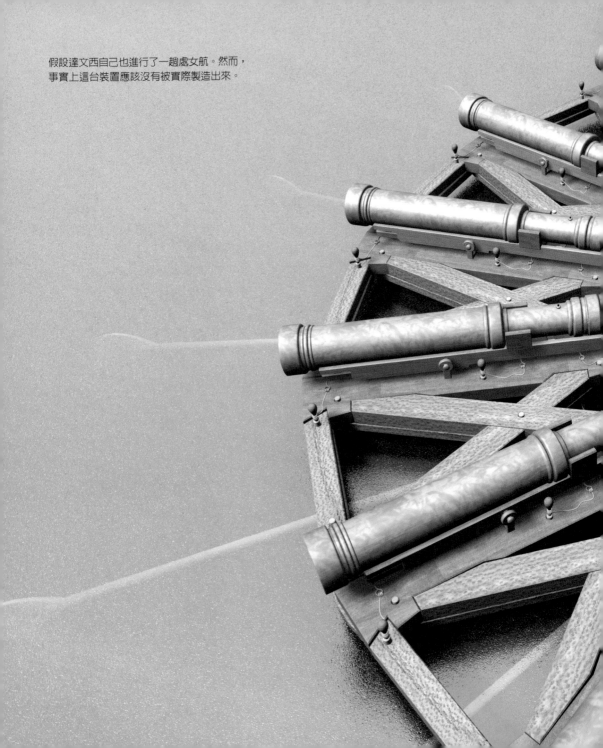

假設達文西自己也進行了一趟處女航。然而，
事實上這台裝置應該沒有被實際製造出來。

1452 出生於文西鎮

1460

1470

1480

1490

1500

1504 年左右

1510

1519 逝世於安堡埃

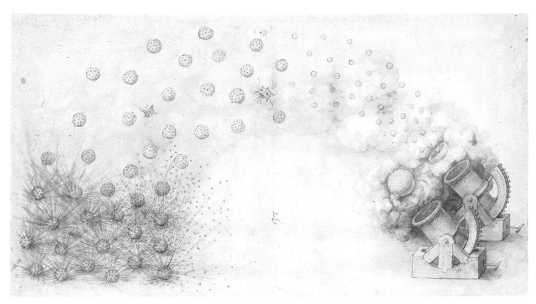

大西洋手稿 33r 中達文西所
繪製的草圖。

旋轉式大砲 Bombards in action

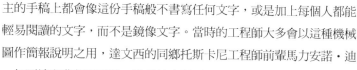

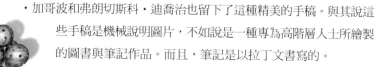

散彈和楔型固定工具

大西洋手稿中的一張。這張手稿與其說是以研究為目的，不如說是一幅作為研究成果獻給僱主或委託者的手稿要來得恰當，它不但很完美，而且可看出它是以墨染技巧呈現。一般來說，用於呈獻給僱主的手稿上都會像這份手稿般不書寫任何文字，或是加上每個人都能輕易閱讀的文字，而不是鏡像文字。當時的工程師大多會以這種機械圖作簡報說明之用，達文西的同鄉托斯卡尼工程師前輩馬力安諾・迪・加哥波和弗朗切斯科・迪喬治也留下了這種精美的手稿。與其說這些手稿是機械說明圖片，不如說是一種專為高階層人士所繪製的圖書與筆記作品。而且，筆記是以拉丁文書寫的。

我們無從得知達文西是為誰、又是何時繪製這份手稿。然而，從手稿中令人驚嘆的華麗砲彈的描繪來看，推測這份手稿是在達文西埋首於砲彈彈道研究的 1490 年代所完成的。但從畫風上來看，也可推測出這是他在各處的戰場擔任軍事工程師的 1500 年代（效忠於羅馬涅公國的凱撒・波吉亞或客居托斯卡尼的佛羅倫斯公國）所繪製的。

如果你將眼光放在某項重要元素上，就不難看出這張手稿與達文西 1504 年左右開始所做的連射式大砲研究（溫莎手稿 12275、大西洋手稿 72r）有相當關連。而這張手稿中的最重要元素就是砲彈的描繪。

這張草圖從線條到整體的構圖都相當清楚，而其重點就在砲彈的彈道拋物線。而這張手稿中應該關注的部分是被發射出去的砲彈飛過天際，炸開後小砲彈四散的狀態。此時的達文西不斷地進行氣壓研究，並埋首於找出砲彈彈道的法則，而表現出炸開後的砲彈破壞力的細微線條，便是這個研究確實有所斬獲的最佳證據。就有如達文西知名的〈大洪水〉素描是顯示水的研究成果，華麗的彈道描繪也是從砲彈飛行方式的詳細研究中產生得來。

達文西終其一生都在尋求以圖像呈現科學法則的繪圖方法。人類的歷史中，能達到如此登峰造極境界的僅只達文西一人而已。

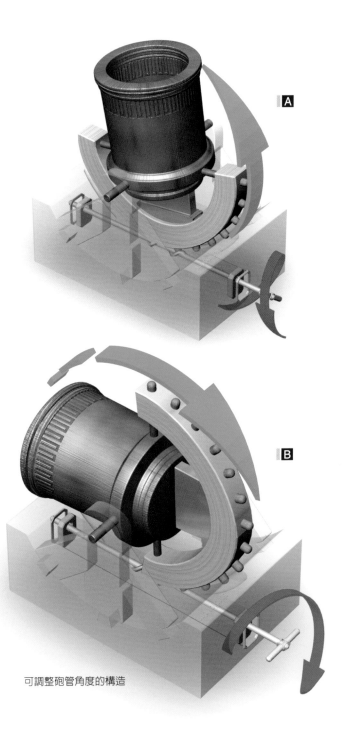

A 在達文西的時代，大砲已是廣為人知的武器。總之，這張草圖的價值不在於其獨創性，而在於完成度。如果它沒有精確地描繪出砲彈在空中飛射以及炸裂的散彈的狀態，這張手稿應該會被埋沒於歷史之中。

B 砲管的角度是轉動曲柄進行調節的，曲柄連結在附有螺桿的金屬棒上，螺桿和半圓形的機臂的突出部分相互咬合，再把砲管小心組合起來。因為砲管為矮胖型，所以砲彈射出後的砲彈拋物線應該會不太穩定。此外，這款大砲的發射角度只要有些微的差異，瞄準的方向就會大大變動，所以調整時必須精準。

可調整砲管角度的構造

從各個方位看的想像圖與各個零件

砲口

旋轉軸

爆裂式砲彈

底座

裝在砲彈中的楔鐵

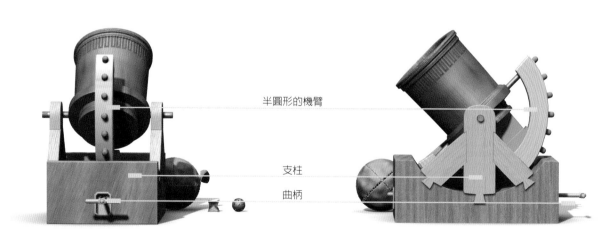

半圓形的機臂

支柱

曲柄

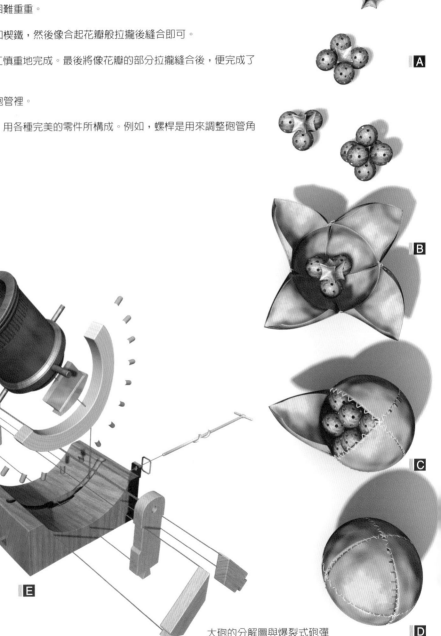

A 爆裂式砲彈的內容物是小型散彈和楔鐵。楔鐵是一種用來使砲彈集中保持球狀的工具，這種砲彈在現代可以被更簡單地製作出來，但是在缺乏設計機械圖的製圖用品的時代則困難重重。

B 在砲彈裡放入散彈和楔鐵，然後像合起花瓣般拉攏後縫合即可。

C 縫合工作必須以手工慎重地完成。最後將像花瓣的部分拉攏縫合後，便完成了砲彈的製作。

D 以這個狀態裝填到砲管裡。

E 分解圖。構造複雜，用各種完美的零件所構成。例如，螺桿是用來調整砲管角度的工具。

　大砲的分解圖與爆裂式砲彈

發射瞬間的想像圖

底座

砲口

被裝填後的砲彈

支柱

爆裂式砲彈

散彈

這張圖忠實重現手稿上達文西所構想的大砲樣貌。可看出這是一款精確的設計。

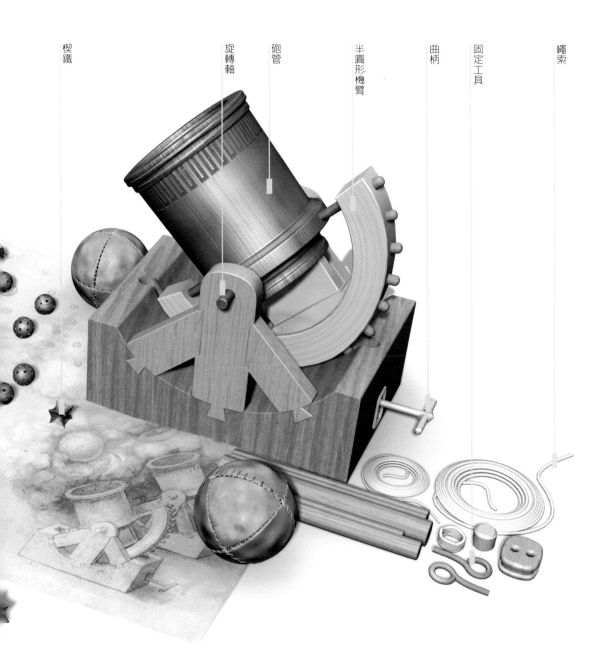

楔鐵

旋轉軸

砲管

半圓形機臂

曲柄

固定工具

繩索

1452 出生於艾西嶺

1460

1470

1480

1490

1500

1507-1510

1510

1519 逝世於安堡埃

大西洋手稿 117r
Codex Atlanticus, f. 117r

碉堡草圖。筆記部分內容
記述了實際戰爭中的背叛
行為以及背信事件。

碉堡 Fortress

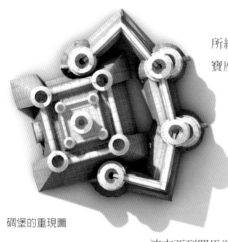

碉堡的重現圖

這是在達文西第二次旅居米蘭的時代（約 1508 年～）所繪製的手稿。當時盧多維哥・史佛薩公爵已被趕下權力寶座，米蘭正處於法國的統治之下。曾經服侍於米蘭公爵史佛薩的達文西則轉而被法國政府重用，並被授予皇室工程師的稱號。而這座碉堡很可能是達文西為法軍所設計的。當時，歐洲正處於一觸即發的不穩定政治情勢下，當務之急正是防守領土免於敵人的侵略。

在此之前，達文西也曾數度完成軍事任務，不但史佛薩公爵曾委任幾次小型軍事任務，他也曾到威尼斯共和國做軍事顧問，更曾追隨教皇軍指揮官凱撒・波吉亞到羅馬涅公國進行鎮壓活動。

達文西追隨凱撒・波吉亞的時間是 1502 年（即接受繪製以戰爭為題材的名畫〈安吉里戰役〉的委任前），但此時達文西不但已經開始著手改良當時的主力武器，也致力於進行砲彈彈道的研究以及新式武器的發明。在防禦方面，達文西更設計出整面扁平的牆面以及向內側傾斜的城牆，還有將表面積控制在最小的碉堡和高塔。然而，即使達文西不斷地反覆研究，碉堡的設計結構卻沒有保持一貫創新作風。從遺留下來的手稿中可以發現，這座碉堡雖然是嶄新的構想，但外觀卻有如中世紀的要塞般戒備森嚴，外牆也設計成多角型。一開始，達文西打算將碉堡設計成具有弧度的 V 字型稜堡，但後來卻捨棄最初的構想，將半月堡的城牆設計成多角型構造。事實上，弗朗切斯科・迪喬治的碉堡也是相似的外型，且建築在義大利各地，達文西很可能是受到他的影響。十六世紀初，達文西不但研究了弗朗切斯科的《建築論》，而且還在書中各處留下了重點標註。雖然這座碉堡擁有令人耳目一新的設計，但卻不像其他達文西所發明的機械那樣擁有革命性影響力。令人不免猜想，這可能是受弗朗切斯科的影響，亦或是遵從委託者的想法才設計出來的。

這座碉堡應該是座聳立於高山或丘陵上的建築。牆壁的方向和形式是考量暴風雨來臨時所建造的結構，碉堡的中心（領主的居住地）還設計了一圈外牆包圍。火藥和武器的發明在十五世紀中期便已有相當程度的進步，因此，防禦裝置必須在因應這類攻擊武器的前提下設計。達文西不但研究城牆的位置和壁面的角度，而且還發明堅固且能緩和砲彈衝擊的構造。這張碉堡的設計圖去除了以往的碉堡必備的胸牆是一創舉，也因此，外壁的弧形帶狀設計會影響砲彈的攻擊路徑。城牆的窺視孔可用來偵察敵人攻擊的情況。

幾何的外型饒富趣味，是一項內斂的設計。碉堡的外部做成斜面以及壕溝狀，達文西深信即使敵人來到眼前，這座碉堡都將牢不可破，而且無人能仿效。碉堡的中心周圍所保留的空間也充分表現出他的自信。這部分不是為了防禦而建造，而是為了防止敵人逃脫所設計，也就是說不但城池不可能陷落，而且敵軍想撤退也是天方夜譚。

達文西相信這座複雜的碉堡牢不可破。

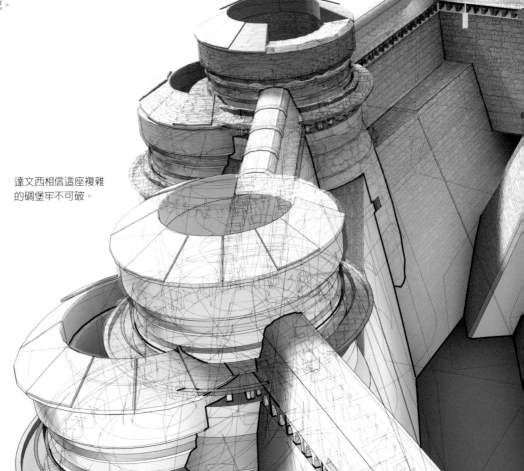

高塔

矮牆

城牆的平面圖

碉堡的中心

領主的居住地

監禁敵人的空間

城門

A

B

127

003 水力機械

■ 水力鋸木床
■ 槳葉船
■ 旋轉橋
■ 挖泥船

達文西的研究，經常把水和空氣互相類比，他既設計水力機械，也設計飛行器。他研究海水的波形來模擬空氣的流動；而他所設計的某些飛行器，不論在外型或構造上都跟行駛水中的船有相通之處（大西洋手稿 156r 及 860r）。不過，從其他觀點來看，水和空氣這兩個領域當然差別很大。飛行機械的研究，屬於達文西私底下的興趣，沒有證據顯示，當時有任何客戶對達文西的飛行機械感興趣。我們研究達文西，所得到的印象是，達文西似乎想保守秘密，並沒有發表他在飛行研究方面的創意。水力工程或許是達文西最能持之以恆的研究，而且除了自己私下的研究，更發展出許多實作的專案，曾經受到許多統治者的委託來辦理相關工程。

　　根據藝術史學家喬治・瓦薩里（Giorgio Vasari）指出，達文西旅居佛羅倫斯的早期，曾受命找出讓亞諾河（Arno River）能夠航行船隻，以便從佛羅倫斯取水路入海的可行方法。「年輕的達文西，首先提議讓亞諾河變成通航的運河，連接比薩（Pisa）和佛羅倫斯（Florence）兩城。」因此不難理解，水力工程是達文西與僱主合作最密切的一個領域（軍事工程反而不及）。在達文西那個時代，水除了可以提供整個城市的基本用度、可以驅動機械之外，也是最快速的商業運輸方式。達文西在米蘭和佛羅倫斯工作，兩個城市都離海很遠，而海洋是主要的水運路線。這兩個城市都絞盡腦汁、運用各種創意和資源，就是希望能克服內陸水運的障礙。這對許多世代的工程師都是一項挑戰，達文西當然也參與其中。他一方面從前輩所嘗試過的做法得到靈感，另一方面，他又不斷提出新的解決之道。米蘭的納維里（Navigli）大運河系統就使用了非常先進的做法，達文西從中獲益良多。佛羅倫斯也是一樣，文藝復興的建築大師布魯涅內斯基（Filippo Brunellesche）早就著手研究亞諾河航運的可能性，但成果不大。他設計出一種稱為「漂流船」的大船，希望能把厚重的大理石塊，從沿海的渡船口運到佛羅倫斯。達文西手稿裡並沒有發現與這個計畫相關的圖稿，不過，大西洋手稿 90v 的這張圖，描述了運河的水閘系統，可能暗指瓦薩里所提到的河運計畫。我們倒是有

達文西早年與水力工程相關的其他手稿，尤其是大西洋手稿裡面有幾張描繪提高水位的機械裝置，其中最有名的一種叫做「阿基米德螺旋泵」（汽缸內有螺旋裝置或刀片，一旦傾斜到適當的角度，就可以把水抽乾）。這個裝置，達文西是參考托斯卡尼工程前輩的發明。他一邊深入分析前人的研發成果，一邊走出自己的創新之路。設計水力機械的同時，達文西其實是在研究水的物理學及動力學特性，還有水與其他物質的關連性。他住在佛羅倫斯的後期，以及搬到米蘭之後所做的研究都顯示出，這位天才喜歡拿水和空氣來做類比。他研究水陸兩棲的動物，如飛魚；然後再從飛魚的構造，設計出適合游泳和飛行的薄膜狀翅膀。（原稿 B，約當 1486～1489；其中編號 81v 的手稿上面畫著蛛網狀的手套。）除了這類科學上的創見（當然在當時還不算成熟），這個時期，達文西不但有實用的發明，也充分發揮想像力，設計出潛水艇，以及一種從水下破壞敵船龍骨的裝置（原稿 B81v，以及大西洋手稿881r）。

達文西在 1499 年倉促離開米蘭，花更多時間待在威尼斯。1500 年開始，他投入更具體的研究設計工作。號稱「最尊貴共和國」的威尼斯共和國委託達文西開發軍事防禦系統，抵擋東疆的邊患：鄂圖曼帝國。達文西利用伊松佐河（river Isonzo）的岩壁地形，設計了一種防禦系統（大西洋手稿 638dv、215r）。進行這項計畫時，達文西一直有考慮到公眾層面的影響。從溫莎手稿 12680 中可以看出來，達文西在佛羅倫斯城附近的亞諾河道上構建了一個系統，將破壞河岸岩壁的水流堵住。這份手稿的附註書寫方式不同於其他手稿上達文西慣用的鏡像文字，而是正常人看得懂的從左到右書寫，這顯示這些手稿，當時應該曾經給僱主看過。達文西回到佛羅倫斯（約當 1500 年），共和國的統治階層邀請他參與至少三項的大型水利工程計畫：利用亞諾河道從佛羅倫斯航行入海；將亞諾河的河道轉向，讓叛逃的比薩地區無水可用（和他在威尼斯的工作一樣，結合軍事工程和水利工程）；最後則是善加維護佛羅倫斯城段的亞諾河道。

1508 年之後，達文西回到已被法國人佔領的米蘭，他受法國國王命令負責許多工程計畫，其中之一是設計一條運河，連接米蘭和北邊鄰近阿達河（Adda River）地區的交通（阿達河全線無法航行）。達文西設計了各種各樣的裝置和水力機械，都是他的原創，而且頗為合用。在這幾年裡（1508～1510），他對水力機械的研究出現了相當有意思的成果。這些研究都在萊切斯特手稿（Codex Leicester）和原稿 F（Manuscript F.）裡。其中因為大部分是私底下的個人研究，免不了有實用上的問題。不過，「創意」和「實用」齊頭並進，這正是達文西創作發明裡最有趣的特質。

　　最好的例子應該是達文西某一系列的草圖和筆記，不斷地從實際問題的研究（例如：發明抽乾池水的機器）當中，反映出理論與假設。在原稿 F 13v 和 15v 裡，他設計了一個抽乾池水的機器，原理是透過水中的輪子（利用河水、船、或動物的力量讓輪子轉動）來驅動離心機，造成漩渦，就能把水排出池塘。能夠發想出這種裝置，其實是意味著達文西充分掌握了漩渦形成和漩渦運動的理論。此時，達文西也開始設計離心機，做為實驗室用途。他做出一種機器，能在水中製造漩渦。在原稿 F 16r 的圖稿裡面，達文西將這種機器定義為「人工渦流」。這種實驗性的水力機械，為往後的科學革命奠定基礎。後來伽利略也成立工作室，專門生產研究用途的儀器和機具。

　　達文西晚年在羅馬（1513～1516）和法國（1517～1519）度過，他持續接受各方委託，進行水利工程、開發各種機械。他在羅馬時，參與朋第內沼澤區（Pontine Marshes）的陸地開發案和奇維塔維琪雅港（Civitavecchia）的興建計畫。他旅居法國時的手稿（大西洋手稿 69br, 574, 790r, 810r, 1016）裡面，有一個繁複的噴泉設計圖，當時他替晚年最後一個僱主法王法蘭西斯一世（Francis I）設計宏偉的羅莫倫亭（Romoratin）宮殿和花園，這個噴泉應該就是用在裡面。

1452 出生於文西鎮

1460

1470

1478 年左右

1480

1490

1500

1510

1519 逝世於安堡埃

大西洋手稿 1078ar
Codex Atlanticus, f. 1078ar

這張手稿中的草圖稍嫌生硬。

水力鋸木床 Mechanical Saw

　　由雜亂無章的碎紙片所彙集而成的大西洋手稿中，有時也會夾雜不成熟的草圖。如果沒有筆記或簽名的話，甚至會讓人忍不住懷疑它確實屬於達文西，而這份水力鋸木床手稿便是一例。

　　正如諸位所見，草稿中的線條相當生硬，看來不像是創作時所描繪的草圖，比較像是實物素描或是模仿另一張設計圖所畫出來的（如果這真為達文西繪製的手稿，那就應該是後者），也因為透視法的表現並不成熟，使得這張圖頗有種跟不上時代的感覺。十五世紀之前的機械圖大都只粗略地描繪出整體，至於正確的比例和各部位的關係都是事後才加以補充。事實上，翻閱馬力安諾・迪・加哥波等人的著作，就可以看到許多類似的機械圖稿。

　　我們之所以推測這張手稿極可能是實物素描（可能由達文西進行修正），或可能是模仿其他機械圖所畫出，完全基於在威尼斯所發現的兩位知名工程師的手稿中也畫有類似的機械而來。然而，姑且不論繪畫本身或機械的完成度，左頁的手稿確實是達文西的作品，右上方的部分說明圖裡所標示的「telaio（木框）」字樣，是達文西以鏡像文字所寫的。此外，繪製在其背面的草圖（1078 av）也很明顯出自達文西之手。

　　雖然左頁手稿的主要草圖寫有「Vuole essere piùlungo tutto（各部位再加長）」的註釋，我認為那很可能是針對設計上應修正的要點所做的說明，而就其為由一般書寫方式來看，這應該是達文西為他人所寫的說明文，或是他人寫上的。另外，在其他記載了同款鋸子的研究的手稿上，也有一幅被認為是達文西所繪製的布魯涅內斯基法式的螺絲釦（因為使用在聖母百花大教堂這座建築物中，所以經常被其他工程師當作參考）草圖旁，也有他人筆跡的註釋與隨筆。總之，這些都是同儕間一起研究過去發明的學習筆記，達文西從剛開始進行研究到實際發明機械的這段時期，繪製了不少此類手稿。

草圖的重現圖

A 放置木條的運送台。木條在軌道上，朝著鋸條方向緩慢移動。

B 由設置於另一端的滑輪來啟動運送台。滑輪連接在機軸上。

C 本裝置的動力部位。以水車的旋轉運動所產生的動力使得各零件作動。

為了表示鋸條和水車的構造，
我們以透視圖重現。

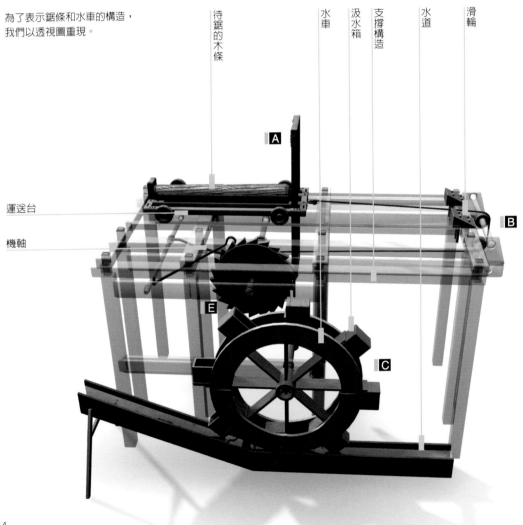

待鋸的木條

水車

汲水箱

支撐構造

水道

滑輪

運送台

機軸

D 流動的水流入水車的汲水箱內,使水車開始轉動。而水車旋轉所產生的動力,再經由輪軸傳遞出去。

E 傳遞出去的動力可作動滑輪和機軸,並以一定的速度牽引運送台。

F 旋轉運動的動力在這裡轉換成上下的往復運動。

從正面看去的樣貌。也是使水車的旋轉運動變成上下往復運動的構造。

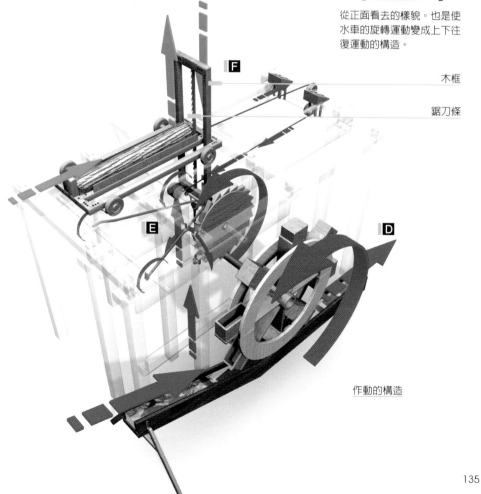

木框

鋸刀條

作動的構造

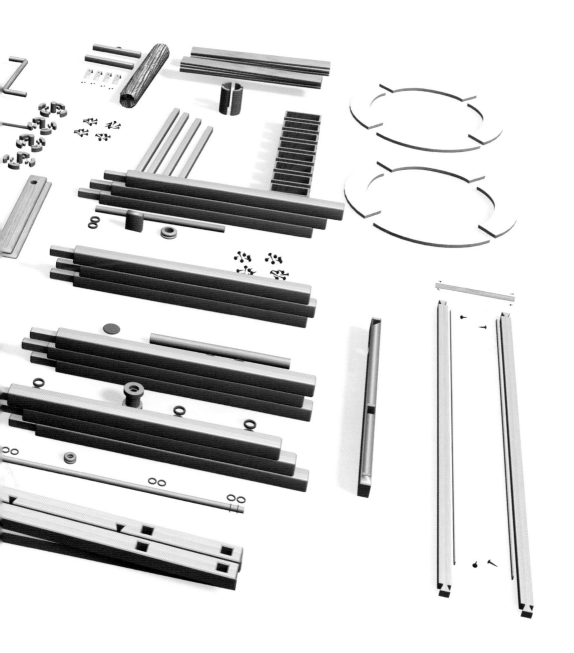

分解圖。零件包括主構造
零件、齒輪、接合零件、
連接器、底座等。

1452 出生於文西鎮

1460

1470

1480

1487-1489

1490

1500

1510

1519 逝世於安堡埃

手稿中央畫有這台機械最重要的
部位——推進裝置，周圍則記錄
有該機械的其他零件和註釋。

槳葉船 Paddleboat

這是一種利用踏板使水車扇葉運作的裝置。不同於海上航行時的需要，為了因應在河川或運河航行，船隻必須具備逆水行進的推進力。達文西認為水車扇葉會比船槳更有效率。和水車不同的是水車扇葉並非以水力，而是以人力轉動。

達文西對具備新式推進構造的船隻、潛水服、潛水艇以及從水下攻擊敵人船隻的裝置抱持著莫大的興趣，並且思考出獨創的構想。

達文西所處時代，海運與河運（只要有可能）是人們互相交流時最快速也最有效的工具。然而對地處內陸、缺乏海運與河運的米蘭和佛羅倫斯兩城來說，這一直是他們迫切想改善的重要課題。

因此，兩城都竭盡政治和經濟之力，致力克服這項難題。

但不管是在軍事層面（當時米蘭以將領土擴張至利久立海為目標；佛羅倫斯則是長期不斷地和比薩針鋒相對）或水利計畫層面來看，所有嘗試都以失敗收場。而讓亞諾河從佛羅倫斯至大海的河段能夠航行的計畫也是其中之一。當時工程師們背負著軍事及商業利益上的重大期待，無不拼命地進行新式船隻的研究。

這個以水車扇葉作為推進力的船隻的原理，是馬力安諾・迪・加哥波以及弗朗切斯科・迪喬治所發想的。達文西在這部分加入突破性的改良，對於克服水利問題有了全新的視野。他的構想和改良重點在這份稍嫌雜亂的手稿中有清楚的呈現，也和其他工程師形成鮮明對比。但也因為達文西的機械圖只繪製了槳葉船最終的形狀，所以只看手稿是無法了解其研發過程。

一般認為，達文西完成這份手稿的時間大約在 1487～89 年定居米蘭時期。理由有二：首先，手稿的背面列有銀行家的姓名，但並非達文西親筆所寫，而這份手稿的紙張是米蘭大教堂的記帳簿的一頁，達文西拿了記帳簿，在其空白處畫上草圖和筆記。其二則是，手稿右上方寫了一長串「Fellonia. Diversificazione. Avversità（罪惡、多樣性、逆境）」的拉丁文字。我們可以在米蘭繪製的原稿 B 以及特里武爾齊奧手稿中發現同樣記載了沒有脈絡可循的單字排列。他在移居米蘭之後開始學習拉丁語。主要是因為他從未受過正統的高等教育，因此對於學習書籍和古典文物中的內涵抱著強烈的欲望。

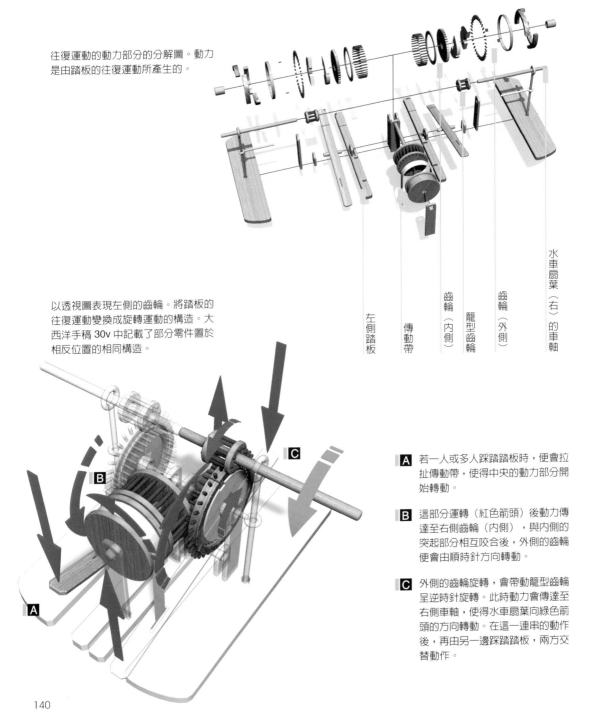

往復運動的動力部分的分解圖。動力是由踏板的往復運動所產生的。

以透視圖表現左側的齒輪。將踏板的往復運動變換成旋轉運動的構造。大西洋手稿 30v 中記載了部分零件置於相反位置的相同構造。

左側踏板

傳動帶

齒輪（內側）

籠型齒輪

齒輪（外側）

水車扇葉（右）的車軸

A 若一人或多人踩踏踏板時，便會拉扯傳動帶，使得中央的動力部分開始轉動。

B 這部分運轉（紅色箭頭）後動力傳達至右側齒輪（內側），與內側的突起部分相互咬合後，外側的齒輪便會由順時針方向轉動。

C 外側的齒輪旋轉，會帶動籠型齒輪呈逆時針旋轉。此時動力會傳達至右側車軸，使得水車扇葉向綠色箭頭的方向轉動。在這一連串的動作後，再由另一邊踩踏踏板，兩方交替動作。

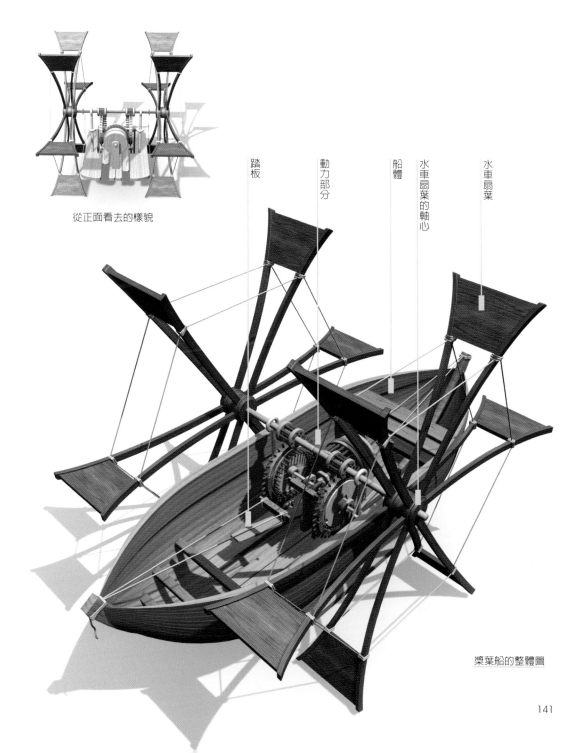

從正面看去的樣貌

踏板

動力部分

船體

水車扇葉的軸心

水車扇葉

槳葉船的整體圖

達文西從鐘塔上俯瞰槳葉船漂浮於斯佛爾札城堡（Castello Sforzesco）護城河上的想像圖（重現大西洋手稿 1063r）

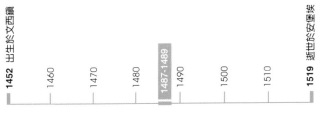

1452 出生於文西鎮

1460

1470

1480

1487-1489

1490

1500

1510

1519 逝世於安堡埃

大西洋手稿 855r
Codex Atlanticus, f. 855r

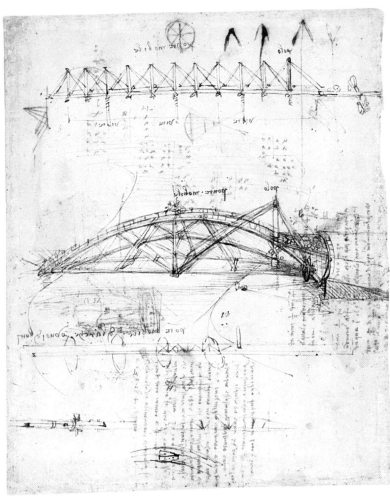

手稿上分別描繪了三種類型的橋：以柱狀零件建成的橋樑（能夠簡單組裝和拆解）、旋轉橋以及固定在船上漂浮於水面的船橋等。

旋轉橋 Swing Bridge

　　達文西最有趣的發明之一是主要用於戰爭的橋樑研究。在他於 1482 年所寫給盧多維哥公爵的自薦信中，達文西表示「能夠建造輕巧又堅固的橋樑」。至於，盧多維哥公爵是否曾要求這個野心勃勃的年輕工程師提出證明，則不得而知，總之，達文西也在信件中一併繪製了幾幅軍事用橋樑的草圖。「為惡名昭彰的凱撒‧波吉亞工作的『高貴工程師』不用繩索和金屬就發明出能簡單組裝的橋樑」──達文西的朋友，數學家帕西奧利（Lucas Pacioli）在其著作《關於定量》（*De viribus quantitatibus*）中如此記述。雖然沒有明說，但從達文西以軍事工程師的身分在凱撒‧波吉亞的身邊工作這點來看，我們的確可以這樣認為。

　　此外，在這份手稿中畫有以柱狀零件建造的橋樑（能夠簡單地組裝和拆解）、旋轉橋以及漂浮船（固定在船上浮於水面的船橋）等三種橋樑。達文西打算日後要再進一步研發，所以這份手稿上的只是大略記錄構想的草圖而已。原稿 B 中有許多像這樣的草圖，而收納於大西洋手稿的這一頁與原稿 B 同時期（前往米蘭前不久）完成。

　　雖然漂浮船可以看出古代設計的影子但我們不能因此質疑達文西缺乏獨創性。原因是對於當時的當權者們來說──也包括那位血氣方剛的盧多維哥公爵，武器和武力並沒有和當時的人文主義思想相左，反而是互相契合的，這是因為戰爭被賦予復興古典文化的定義之故。所以，採用承襲古代智慧的構造和裝置，加上突破性的構想，想必達文西的名望也會大大地提升。

　　旋轉橋是以靜力學的知識為基礎所設計出來的，他將橋樑旋轉點的軸心部位命名為「支軸」，為了取得重量的平衡，便在裝置上應用了靜力學的作用。「重量」的研究，亦即物體的靜力學和動力學是達文西前往米蘭期間所開創的學問領域。在此之前都只被歸納於假說的科學理論，而將此實際應用到機械上的達文西可謂貢獻不小。

從正上方俯瞰的旋轉橋

這張手稿是在達文西前往米蘭不久所繪製而成。我想這是在
呈交給盧多維哥公爵的自薦信中，所提出的一項土木，軍事
技術。這座橋樑的最大特徵在於能夠快速俐落地拆除，如此
便能夠阻止敵人的前進。

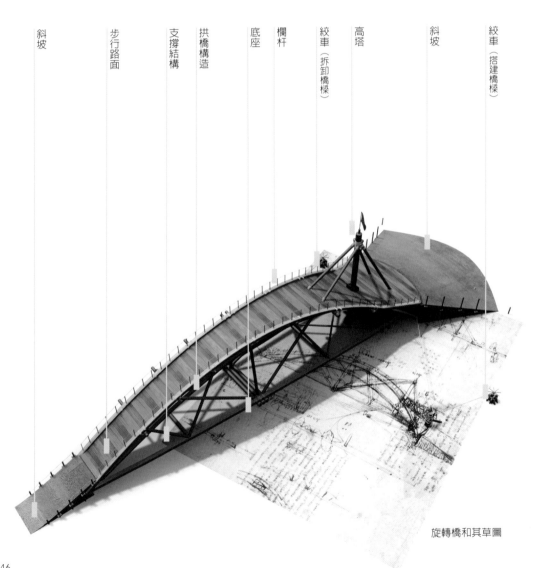

斜坡

步行路面

支撐結構

拱橋構造

底座

欄杆

絞車（拆卸橋樑）

高塔

斜坡

絞車（搭建橋樑）

旋轉橋和其草圖

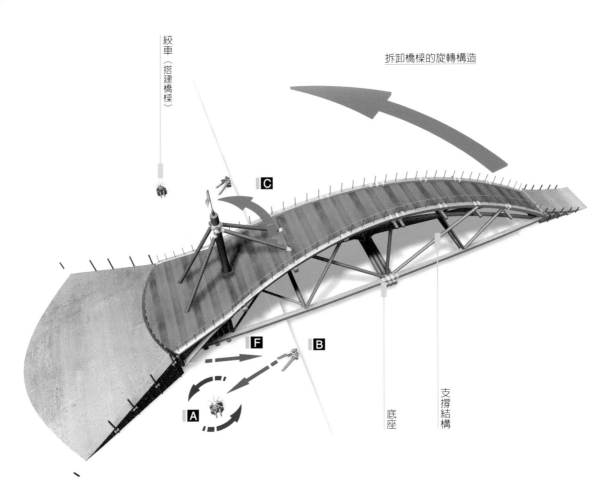

絞車（搭建橋樑）

拆卸橋樑的旋轉構造

C

F

B

A

支撐結構

底座

橋樑的構造如同一塊板子，兩端分別連結於與河岸相接的斜坡上。一端以支軸固定，橋樑即以此為中心呈水平旋轉。只要以繩索、絞車和滾輪拆卸橋樑，即可淨空河道讓船隻通行，並阻斷兩岸的往來。

A 用於拆卸橋樑的絞車。轉動絞車，即可捲起連結於橋樑的繩索。

B 將滑輪裝置在岸邊，並防止繩索從絞車脫落。依滑輪的位置決定旋轉的角度。

C 拉動繩索，橋樑便會騰空並以支軸的高塔為中心旋轉。河面就此淨空。高塔猶如天秤的軸心。

搭建橋樑的旋轉構造

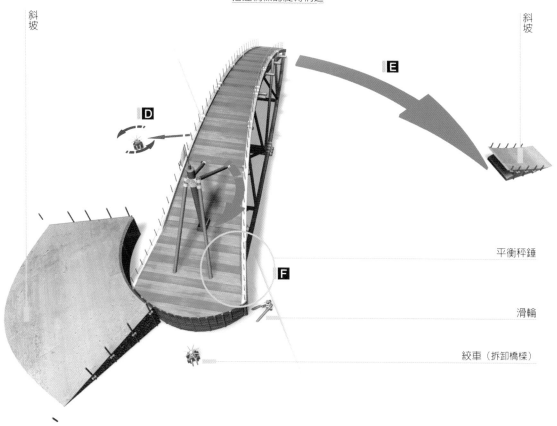

斜坡

斜坡

D

E

F

平衡秤錘

滑輪

絞車（拆卸橋樑）

D 想要將拆卸下的橋樑再度架起必須使用相對邊的絞車，將
繩索捲起，橋就會朝相反方向拉去。

E 橋的一端剛好銜接對岸的傾斜路面。

F 為了能夠簡單旋轉，達文西在裝置上裝設石頭秤錘。在橋
樑抬起連接到對岸地面這段時間，當作平衡秤錘之用。

橫跨河川的旋轉橋想像圖。以透視圖
呈現，並在河岸放置各個零件。

1452 出生於文西鎮

1460

1470

1480

1490

1500

1510

1513-1514

1519 逝世於安堡埃

原稿 E 75v
Manuscript E, f. 75v

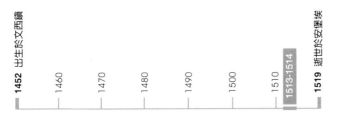

上方是工作中的挖泥船草圖。下方則是以文字簡要地說明這項構造以及其運作原理。

挖泥船 Dredger

由上方俯瞰的挖泥船。雙重船體具有穩定性，與現代的遊艇（雙體船）相似。

原稿 E 是達文西晚年時期所繪製完成的。由九十六張小型紙稿彙集成冊，與同時期繪製完成的原稿 G、F 的頁數相同。達文西似乎也認為這是當做小型筆記本最適合的頁數，而它確實小巧便於攜帶。對於到處旅行的達文西來說，這確實是用於思考的最佳工具。

原稿 E 是達文西在 1513 年從米蘭移居羅馬時，將各種見聞以日誌的方式隨手記錄而成。但是這項挖泥船的研究是否是他旅居羅馬時期所進行的，目前尚無定論。即使手稿上標註了日期，我們仍無法捨棄這是他更早之前所完成的手稿的可能性。

然而，達文西在羅馬從事挖泥船的相關工程是千真萬確之事，這個時期，位於羅馬南部有一個介於塞爾莫內塔（Sermoneta）與泰拉奇納（Terracina）間的蓬蒂內沼澤（在泰爾罕尼亞海（Tyrrhenian Sea）附近），正在進行大規模的填築工程。1514 年，羅馬教皇利奧十世授權弟弟朱利亞諾‧梅迪奇負責指揮這項工程。在當時的紀錄中以「擁有高度技術的測量工程師們」來形容從事這項工程工作的工程師群，達文西便隸屬其一。而朱利亞諾正是達文西在羅馬的贊助者。

溫莎手稿中有一描繪了綿延於羅馬南部的奇爾切奧山（Circeo Moun）山腳下的遼闊平原的極緻俯瞰圖（RL12684）。達文西就是在這裡寫下工程計畫，其中包括定期清除氾濫的馬丁諾河的泥沙，或是拓寬水道使河流流速變緩和的工程計畫。此外，達文西在之前也曾受當時統治米蘭的法國要求，來此進行減緩河川流速的工程。總之，挖泥船的相關研究若不是達文西在羅馬時的事業，就是在米蘭時就用上了。

繪製了這張手稿後，達文西在手稿上方寫上了標題，並在下方寫下筆記。這或許是因為達文西考量到紙稿空間有限的關係，而將觀察心得寫在下方和右邊的空白處。

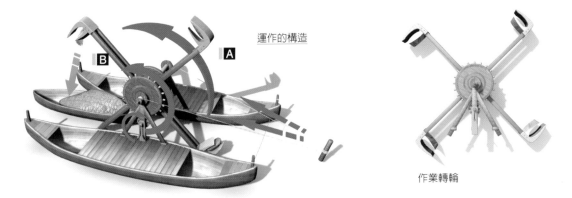

運作的構造

作業轉輪

A 平行並列的兩艘船之間，設置裝有杓子的作業轉輪。以這項工具可以將水底的泥沙舀起，倒到漂浮於杓子轉輪旁的小船上。

B 作業轉輪直接連接在軸心，並裝配著繩索的捲動裝置，這條繩索連接在固定於岸邊的木樁上。亦即，這項裝置隨著作業轉輪的旋轉，船身便會自動向河岸前進。

杓子
木樁
作業轉輪
船體（右）
小船
船體（左）
運河
水底（即將清除此處的泥沙）

清除水底泥沙的想像圖
（水底以剖面圖表示）。

作業中的挖泥船的想像圖

- 往復運動機械
- 銼刀工具機
- 凹透鏡研磨機
- 運河挖掘起重機

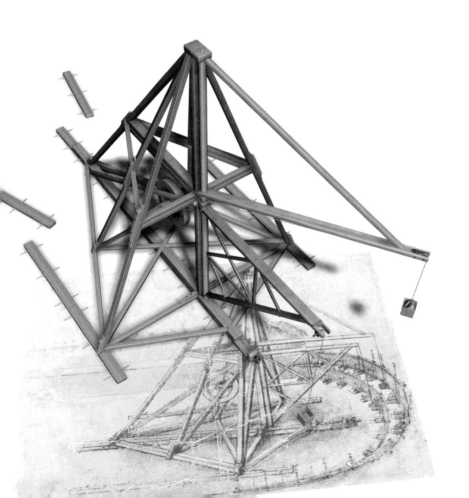

冶金術、建材用的起重裝置、紡織機具：這些不同類別的工具和機械，是達文西終其一生在研究的，目的就是為了讓工作效能更趨完美。和其他領域的研究一樣，達文西總是先深入了解之後，才開始創新。1400 年代晚期，達文西在佛羅倫斯接觸到兩門完全不同類別的技術：他到著名雕塑家安德利亞・德爾・維洛及歐（Andrea del Verrocchio）的工作室當學徒，又到建築大師布魯涅內斯基（Brunelleschi）蓋圓頂教堂的工地去見習。達文西在後來的手稿註解裡有提出維洛及歐給他的重大啟發。1472 年 5 月 27 日，維洛及歐替布魯涅內斯基的曠世之作——聖母百花大教堂（Santa Maria del Fiore）完成了最後畫龍點睛的工程：在教堂圓頂的尖端安置巨型銅球。這顆銅球的鑄造過程十分複雜，達文西全程專注地觀察。即便在四十年之後，達文西遇到類似的問題時，也曾在手稿上註記：「回想聖母百花大教堂圓頂上那顆銅球的冶鑄過程，鍍上銅之後再嵌入石頭中……」（原稿 G84v）。維洛及歐的工作室並不僅止鑄造莊嚴的銅像，也生產吊鐘和鐵甲之類的實用金屬器具。達文西到這裡來是學習繪畫，但卻被這個多彩多姿、五花八門的學習環境所吸引。因此，如果說年輕的達文西在這裡學到了反射爐和凹凸透鏡的製造，一點也不讓人意外（大西洋手稿 87r）。這些研究很明顯是實驗性質的。凹凸透鏡可以聚集熱能，用來焊接或鎔鑄金屬。反射爐也是間接利用火源的反射，將熱能從牆上反射出來，間接地焊接金屬。這個階段，「反射」這門定律令達文西深深著迷，進一步將它運用在其他領域。光學和透視法的基礎，其實就是空間與物體產生的視覺圖象，其中牽涉光學和幾何學的繁複道理。很可能達文西因為擁有透視法的知識，因而更有興趣去進行凹凸透鏡的學理研究。例如，在大西洋手稿 87r 的圖稿中，達文西研究的是一個研磨裝置，那部機械是要矯正透鏡的曲度（創造一個拋物線彎度，就好像錐體的切面一樣）。

布魯涅內斯基在建築上所運用的機械，是建造佛羅倫斯圓頂的關鍵，也是整體建築成功的關鍵。而這些機械也變成達文西在另一個專業領域的啟蒙師。新發明的建築工地機械、還有新式的建造標準，讓建築

師及工人在建造巨型建築物之前，不需要再使用臨時的框架。大西洋手稿中的許多設計（808r, 1083v, 965r, 138r）都顯示年輕時的達文西對這些裝置很感興趣。

　　達文西最重要的紡織機械設計，應該是在旅居米蘭時進行的。當時，不論是佛羅倫斯或米蘭，都要從德國和法蘭德斯（Flanders）進口紡織原料（羊毛）。然後再進行三步驟的加工：洗紗、紡紗（彈架、捻紗、捲紗上軸）、織布，然後才能產出可供裁製的布料。這當中的每個步驟都需要機械。馬德里手稿（大約 1495 年）或大西洋手稿裡面都有記載達文西設計的紡紗機械。當然，達文西一向都是先研究現有的東西，再創造新東西。馬德里手稿當中有一幅很漂亮的繪圖（68r），圖中的織布機可能不是他的發明，而是米蘭織布廠裡面的一台機器，他畫出來好做仔細的研究。同樣在馬德里手稿中，還有很多天才發明，不止是繪圖精美，還特別強調機械的構造，企圖提昇生產的效能和速度。例如，在大西洋手稿中有一頁手稿（1090v）描繪紡織翼錠（flyer spindle）工廠，就試圖將三種製程結合起來：彈架、紡紗、捲紗上軸。西元 1500 年之後，達文西的設計更趨成熟，他不只一次再去重新研究冶金術、起重機、建築機械和紡織機。不過，他的設計變得愈來愈複雜。有些開鑿機和起重機（大西洋手稿 3r 及 4r）是西元 1500 年設計的。其中有一個踏輪動力機具屬於比較傳統的構造，可能是用來做為對照組，以便與創新機械的動力問題兩相比較（例如，起重裝置裝滿了從工地挖出來的土，後來達文西的解決之道是利用砝碼和秤錘的原理）。那個機械本身看起來像是巨型的秤子，等於是達文西對重量學（the science of de ponderibus）研究的具體表現。達文西顯然超越了布魯涅內斯基所開發的工程機械，將理論和具體解決之道充分結合。幾年以後，大約是1513～1516 年之間，達文西在羅馬對冶金術及紡織機械的研究有了新的成果。原稿 G 裡面有一系列的筆記都是在談凹凸透鏡的製程。比起達文西年輕時在佛羅倫斯的研究，這裡面的內容更明確、更有系統，也更具理論基礎。達文西從事相當複雜的反射學研究（大西洋手稿

750r），為了精準地定義透鏡的曲度，達文西甚至發明了一支特殊的圓規。他在梵帝岡期間，卻一直要分心來對付另外一名技師喬凡尼（Giovanni degli Specchi，透鏡工匠）的惡意競爭，他和達文西一樣，也替佛羅倫斯統治者朱利亞諾・梅迪奇（教宗利奧十世的弟弟）工作。達文西甚至為此，有一次在筆記上寫下有關凹凸透鏡的註記時，還用密碼書寫，目的就是要讓人無從偷看。我們無法確定喬凡尼究竟有多厲害，不過可以肯定他是德國人。在整個文藝復興時期，德國人在冶金技術方面獲得了很大的進展，也發表了論文。在義大利，西亞那城的作家比林格塞奧（Vannoccio Biringuccio）以及達文西的研究成果才見諸於世，領導這個科學領域的創新趨勢。因此可見，身邊有一個不可信賴的德國技師成天糾纏不清，對達文西可說是很大的困擾。至於凹凸透鏡的研究，當時可能是用在紡織業，因為在梅迪奇教宗統治下的羅馬，紡織業不斷地擴張。不過，達文西不止一次預見凹凸透鏡在其他領域的運用：天文學和反射望遠（阿藍道手稿 279v）。達文西也曾經提到透鏡所牽的文化層面，他引述阿基米德運用透鏡來抵擋羅馬人，防衛西拉鳩斯市。另，達文西有兩個設計是將細繩合捻成粗繩，其中也有文化的意涵（大西洋手稿 12r 和 13r）。同一時期，建築名家焦孔多（Fra Giocondo）替古代建築大師維特魯威（Vitruvius）的名著《建築十書》（*De architectura*）進行注釋，發行新版本，並將該書獻給統治者朱利亞諾・梅迪奇。達文西則把他的兩款設計獻給梅迪奇家族以及他的僱主朱利亞諾。在其中一款機械設計圖中，可以看到一個手把上面有一個鑲著鑽石的圓圈圖案，這正是梅迪奇家族的家徽。

1452 出生於文西鎮

1460

1470

1478-1480

1480

1490

1500

1510

1519 逝世於安堡埃

大西洋手稿 30v
Codex Atlanticus, f. 30v

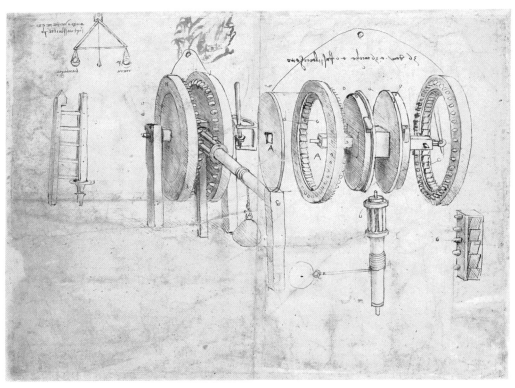

這是一張畫面簡潔、清晰易懂的完美草圖。
左側描繪的是整體圖，右側則是分解圖。

往復運動機械 Reciprocating Machine

當初達文西可能只在這張手稿上畫了兩個草圖。其一是藉由操作手把的往復運動轉換成旋轉運動，使得重物向上提起的起重機。另一幅是形狀奇特的梯子，雖然這座梯子和起重機毫不相關，卻同畫在一幅手稿上，整張手稿用線影和墨染仔細描繪而成，可見得是一張用來向雇主說明的草圖。一般用作說明的手稿通常都會如同這幅手稿般，只會在頁面上繪製一幅或是最多繪製兩幅大大的圖像，相同例子請見大西洋手稿24r。此外，弗朗切斯科也留下一本彙集類似草圖的精美手稿。

達文西的用來展示的手稿通常都壽命很短暫，大約是在說明結束後就不再妥善保存。例如，達文西在這張草圖的起重機上方，用鏡像文字寫了註釋（也就是備忘），又在左上方畫了濕度計的草圖。這支濕度計像個天平，左邊的盤子上放置類似海綿的吸水物體，右邊的盤子上則放置類似蠟的防水物體。如果濕度較高，海綿便會吸收濕氣向左傾斜，是一種可獲知氣候變化的裝置。在這些文字和草圖被加上去之前，這份手稿的主體是已經繪製完成的兩幅草圖，起重機的表現方式則是前所未見的，首先是繪製在左邊的完成圖，而右邊則是加以分解後，用來說明構造和零件相互關係的草圖。這是達文西所繪製的分解圖中最古老的一張，日後，達文西也將這種表現方式運用在解剖學等其他領域上。

繪製這份手稿時，達文西還只是二十來歲的年輕人。至今我們從未見過同時期的其他分解圖（但我相信它們曾經存在）。儘管如此，我們可以從這張手稿看出達文西的機械研究在很早以前就已達到相當的水準，而且他對於其他領域的研究也是居於領導的地位。在人類和動物之前，達文西首先畫出的是機械解剖圖。

這幅手稿的表現方式並沒有革命性突破。分解圖與整體圖兩相比較之下可發現前者比例被放大，而操作手把也呈現轉動後的模樣。達文西用了三個字母表示各零件間的相互關係。可見達文西的圖畫遠較文字更具說服力。

達文西的目的是製造出藉由往復運動而產生動力的機械，從構造來看，這台起重機應該可以舉起相當重量的物品。

達文西曾試圖找出將往復運動變換成旋轉運動的構造。而這項研究可說是「以研究為目的的研究」。

若將操作手把前後扳動，兩片旋轉盤便會各自慢慢地往不同方向旋轉。旋轉盤是一個先轉，再換另一個轉，因此，絕對不會同時運動。

Ｂ

旋轉盤的內側有一圈鋸齒狀輪圈以及兩個金屬製的棘輪等，其中隱藏著由各式輪狀零件所構成的複雜構造。這些零件由一支軸心貫穿，並連結在操作手把上。

只要轉動操作手把，各邊的鋸齒狀輪盤便會轉動，進而帶動外側的車輪，再透過齒輪，轉動中央軸心。旋轉時棘輪會發出喀茲喀茲的聲響。

Ｃ

任何一個旋轉盤運轉時，中央軸心的傳動齒輪便會旋轉。雖然兩個旋轉盤各自朝著相反方向旋轉，但這部分齒輪的旋轉方向卻是固定的。這項構造會隨著齒輪的旋轉，使中央軸心跟著轉動，以提起秤錘。可以推測的是這項構造被運用於建築工程用的機械上，例如，巨型起重機。即猶如現代的起重機。

作動的構造

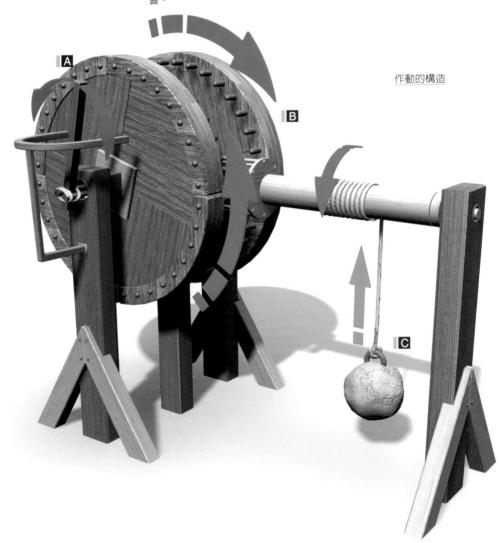

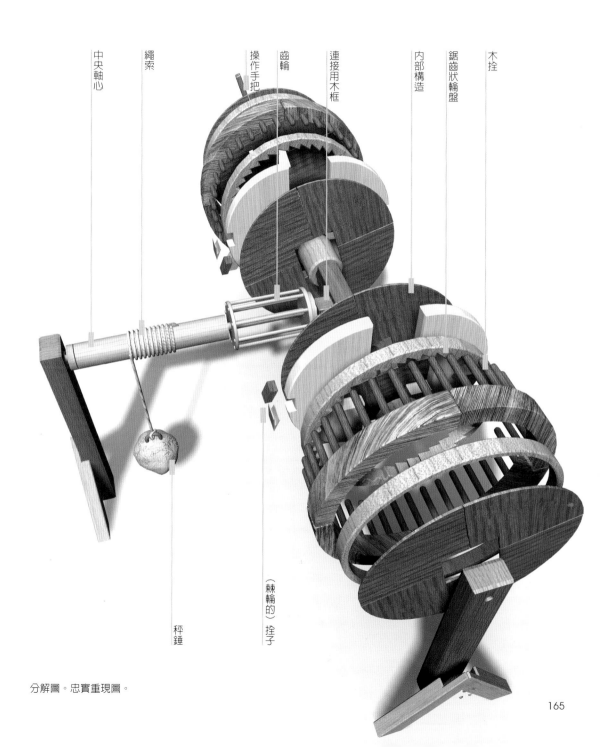

中央軸心

繩索

操作手把

齒輪

連接用木框

內部構造

鋸齒狀輪盤

木拴

秤錘

（棘輪的）拴子

分解圖。忠實重現圖。

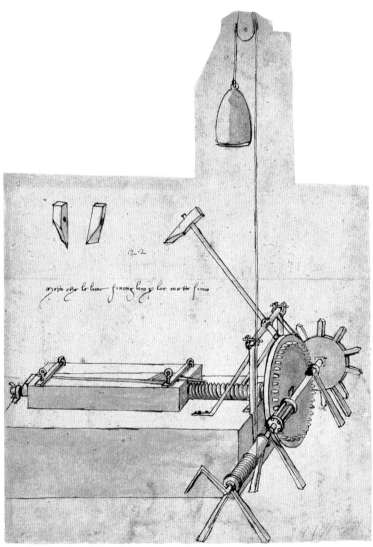

1452 出生於文西鎮
1460
1470
1480 年左右
1490
1500
1510
1519 逝世於安堡埃

大西洋手稿 24r
Codex Atlanticus, f. 24r

達文西的草圖簡單明瞭
地將機械的功能和構造
呈現。

銼刀工具機 File-cutter

　　這張手稿是用筆和墨染仔細完成的，很像是年輕時的達文西用來作為向雇主說明之用的手稿（大西洋手稿 1022v 有這張手稿的底稿）。雖然他花費了一番工夫繪製各類展示說明用的手稿，基本上還是採用傳統的機械圖繪製方式。

　　年輕時期的達文西所繪製的機械圖可分為四種型態：做為個人記錄之用的草圖、仔細繪製一項機械的草圖、仔細繪製多項機械的草圖以及加註筆記的草圖。而這份手稿則屬於第二種。此外，弗朗切斯科・迪喬治的手稿也可以用這種方式進行分類。

　　弗朗切斯科獻給烏爾比諾公爵蒙太費爾特羅的《建築論》，就像是一本美輪美奐的機械收藏圖冊。我想達文西可能是一邊繪製左頁的草圖，一邊刻意參考這本每一頁繪製一種機械大插畫的知名圖冊。這張手稿的確是用來作為說明之用，其證據在於「Mode che le lime s'intaglino per lor medesimo（銼刀的製作方式）」這段以由左至右正常書寫於手稿上的文字（如果是達文西私人的手稿，便不需要這些文字）。

　　這張草圖的經典之處在於有效地運用了透視法。觀看時先著眼於右上方再往下延伸，你將可以看到包含了機械整體以及各零件的相互關係的完整樣貌。然而，機械圖裡的透視法應用，並不只是為了能夠更完整地表現草圖，另外也包含了極重大的文化意義。

　　雖然繪畫中也使用了各式技法，但被視為勞動工作之一，長久屈居於低下階層的機械設計，終於也因為應用了透視法、幾何學與數學，而獲得當時的社會認可為科學的一環。而在機械學中帶來開創性發展的便是弗朗切斯科等的傑出工程師和藝術家。弗朗切斯科是第一位將透視法應用在機械圖上，明確地表現出各零件的相互關係的人，這項作法為機械圖帶來革命性的進步。這張手稿應可看出達文西也是師法弗朗切斯科所描繪的。也因此，達文西也踏出了邁向巔峰的第一步。

滑輪設置的高度是決定
銼刀好壞的重要因素。

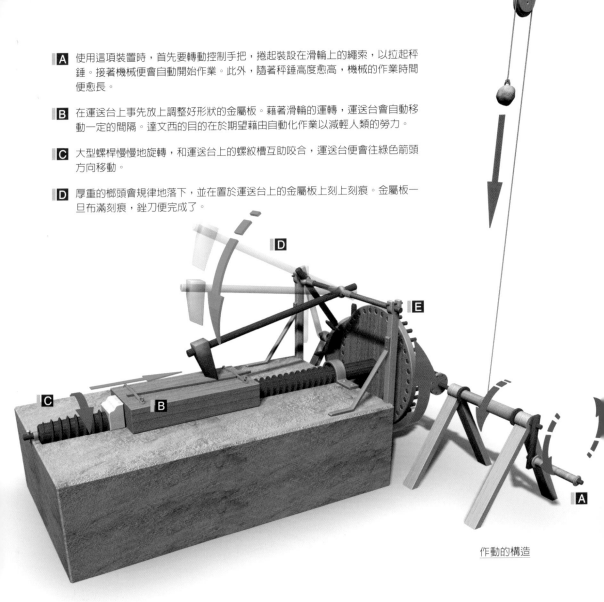

A 使用這項裝置時，首先要轉動控制手把，捲起裝設在滑輪上的繩索，以拉起秤錘。接著機械便會自動開始作業。此外，隨著秤錘高度愈高，機械的作業時間便愈長。

B 在運送台上事先放上調整好形狀的金屬板。藉著滑輪的運轉，運送台會自動移動一定的間隔。達文西的目的在於期望藉由自動化作業以減輕人類的勞力。

C 大型螺桿慢慢地旋轉，和運送台上的螺紋槽互助咬合，運送台便會往綠色箭頭方向移動。

D 厚重的槌頭會規律地落下，並在置於運送台上的金屬板上刻上刻痕。金屬板一旦布滿刻痕，銼刀便完成了。

作動的構造

E 控制槌頭的是一個類似巨型的時鐘擒縱機的構造，轉動旋轉盤即可作動齒輪運作而後槌頭舉起，一旦齒輪被鬆開，槌頭便會因為地心引力而自然落下。這些動作規律地反覆進行。本機械只以槌頭下落的衝擊力來雕刻金屬板，所以必須使用厚重的槌頭。

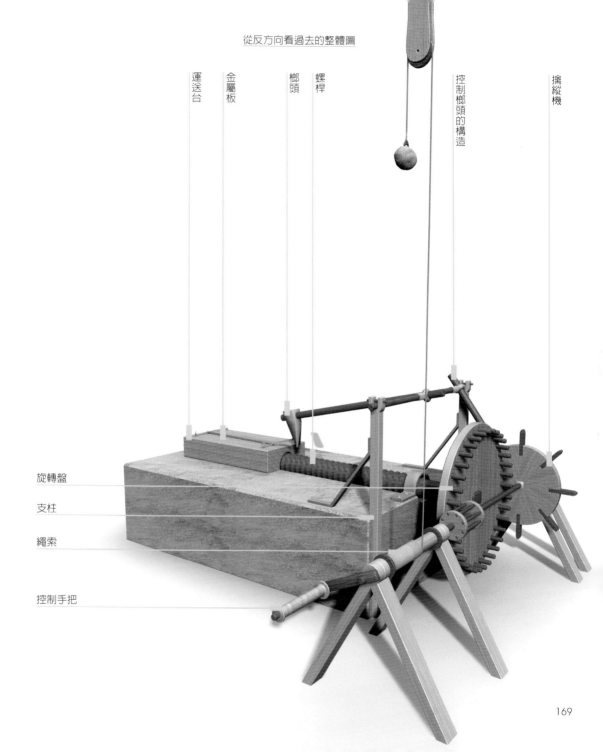

從反方向看過去的整體圖

運送台

金屬板

椰頭

螺桿

控制椰頭的構造

擒縱機

旋轉盤

支柱

繩索

控制手把

1452 出生於文西鎮

1460

1470

1480 年左右

1490

1500

1510

1519 逝世於安堡埃

大西洋手稿 87r
Codex Atlanticus, f. 87r

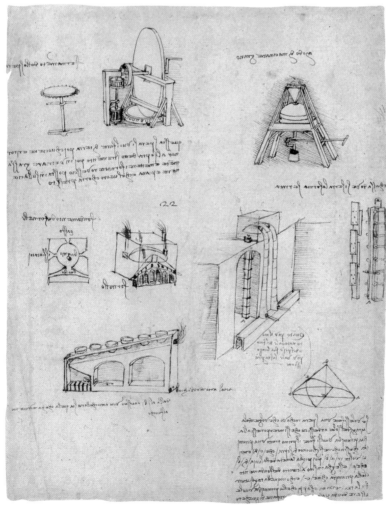

左上方為凹透鏡研磨機。
這是一張嚴謹的手稿，還
加上了文字敘述。

凹透鏡研磨機 Device for Grinding Concave Mirrors

凹透鏡

這是一份早期達文西旅居佛羅倫斯時的典型手稿。手稿中將大致完成的各種裝置以精美的草圖收納其中。這一頁手稿中有一些毫無脈絡可循的發明：凹透鏡研磨機、製粉機、烤爐、熔礦爐……，由此可推測這些是達文西才剛開始進行研究的機械。雖然再過不久，達文西便開始在機械設計上尋求嚴謹的理論，但是此時的達文西還是遵從當時的工作室的作法「以從經驗中獲得的實際資訊為基礎，進行設計」。但另一方面，這張手稿也能夠一窺達文西「以理論為基礎的機械設計」的哲學。

手稿左上方描繪的是當時佛羅倫斯所有的工作室中所使用的凹透鏡製作裝置。達文西學徒時代所待的維洛及歐工作室，曾有製作設置於聖母百花大教堂塔頂上的巨大銅球的經驗。達文西想起在 1472 年時曾使用聚集熱能的凹透鏡從事銅球熔接工作的難忘經驗。當他年老且有名時，重新研究凹透鏡時，將這段難忘的經驗記錄在原稿 G 上。

手稿上的這台凹透鏡研磨機是以既有的為藍本的創新之作。令人驚訝的是，右下角的研究表示：達文西嘗試按照幾何學原理找出鏡子的曲率，即拋物線。

達文西發現了太陽光會聚集於拋物面上的「焦點」上。而「焦點」也是藝術家們的理論發展上，扮演重要角色的透視法（根據光學的理論）中的慣用語。由此不難理解達文西想將光學和透視法中的幾何學理論運用於凹透鏡的製作上的理由。其他還有嘗試將凹透鏡的曲面反射以幾何學來定義的研究（大西洋手稿 1055r）。即使這方面的研究純粹是興趣所致，卻是日後相關的發展的一項重要契機。左頁的手稿中也有應用反射熱能作用的反射爐草圖，這是達文西將屬於科學的透視法和光學，以及工作上所思考的機械設計三者相互結合的證據。在機械設計被認可為一種科學工作之前，達文西還有一段辛苦的路要走。

A

只要轉動控制手把，各部位就會開始運作，研磨盤和石材也會開始轉動。裝置內部裝有圓的籠型傳動齒輪，藉由研磨盤和石材兩方旋轉，凹透鏡的表面便會平均地被刨削。雖然這項裝置是由一人或多人轉動控制手把便能操作，但只要想到研磨盤和石材所產生的摩擦力，就會知道轉動控制手把是一項重度的勞動工作。此外，不但裝置本身有相當重量，要把作為凹透鏡原料的圓形石材裝到研磨盤下方也不是件容易的事。

B

為了緩和摩擦力，潤滑油是不可或缺的，雖然研磨盤的旋轉很緩慢，但因為研磨盤很大、圓周很長，所以摩擦力非常大。石材以水平旋轉，研磨盤則以垂直旋轉，如此一來，摩擦力增加，就不用快速地轉動控制手把。

C

用這項裝置製作一面凹透鏡要花費數日，為了因應連續製作，達文西因此研發了便於安裝石材的齒輪型放置台。楔形零件是將支軸固定在地面的工具。

整體重現圖。被立在機械前方的是研磨前的平整石塊。

補強工具

支撐台

傳動裝置

齒輪

研磨盤

石材

控制手把

1452 出生於文西鎮

1460

1470

1480

1490

1500

1503-1504

1510

1519 逝世於安堡埃

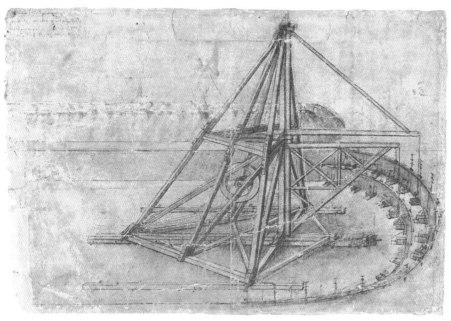

上方為大西洋手稿 4r。下方為大西洋手稿 4r 接上大西洋手稿 3r 後的一張完整的手稿。這兩張手稿原本是同一張，合在一起看就會發現堤防部分非常吻合。

運河挖掘起重機 Canal Excavating Crane

　　從草圖的完成度來看，我推測這份手稿應該是為了呈給僱主所繪製的。達文西首先用鉛筆描繪主要的部分（手稿中留有鉛筆的痕跡），然後再用鋼筆和墨水墨染完成。總之，這不只是一份隨筆而是完成度極高的手稿。

　　當時的工程師和雕刻家、建築師在作品完成前都會先製作樣本提供僱主或委託人參考並下訂單，客戶可以選擇照著樣本製作或是再稍加修改。負責設計者可將樣本做成立體模型，或是謹慎繪製所有細節並以墨染完成草圖。

　　米開朗基羅在製作教皇朱力阿斯二世（Julius II）喪葬之用的幾座建築物模型時，也是用類似的表現手法。而達文西在左頁的草圖中不是用線影而是用墨染，可推測這是合乎當時製作樣本的習慣。

　　如果手稿中「1504 年」這個日期是正確的話，這份手稿應該是獻給佛羅倫斯共和國的統治者之用的。當時的佛羅倫斯共和國曾命令達文西提出能在亞諾河航行的相關研究。由此可推論，這個裝置也許是為了在佛羅倫斯北部施行運河繞道工程所發明出來的。

　　在這之前，達文西在繪製說明用的手稿時，他不只畫機械圖，通常還會畫上工程現場的狀況。然而，這張草圖中卻完全沒有描繪人員的操作狀況。反而像早期那樣，達文西希望藉由單純描繪機械圖，強調機械特徵——精細的幾何圖形、整齊的兩層挖掘現場、設置於固定距離的箱型作業木箱等。附帶一提，作業木箱數量顯示了工程作業時所需的人力。

　　我們無法得知這張手稿是否已呈給僱主或委託人，他們的反應又是如何？達文西將這張手稿以及與之成對的大西洋手稿 3r 兩者都放在手邊，並寫下了隨筆（使用了鏡像文字）。此外，我們在大西洋手稿 905和 944v，以及馬德里手稿 I 的 96r 中也可找到與此同時完成的起重機研究，不過，完成度完全不及左頁手稿。

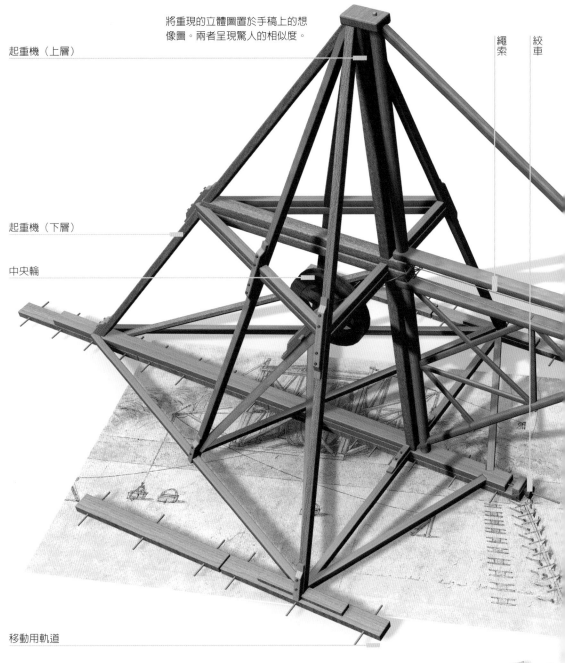

將重現的立體圖置於手稿上的想像圖。兩者呈現驚人的相似度。

起重機（上層）

起重機（下層）

中央輪

移動用軌道

作業木箱

繩索

絞車

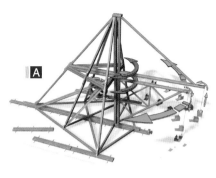

A 這項裝置的目的在於提升挖掘運河泥沙的效率。為了能夠配合工程的進行以移動裝置，這裡所發明的移動用軌道和螺絲是一項劃時代的設計。擁有兩支機臂的巨大起重機以一條繩索控制，並以升降梯的原理進行運作。工程現場有三層構造，其構造為最下層的作業木箱裝滿土後被向上吊起，同時上方空的木箱便會降至地面（嚴格來說並不是空的，而是載著人）。

B 本工程作業分為兩階段反覆進行。一是將挖出的泥土放入木箱中，二是將木箱中的泥土運往運河之外。當起重機下層的木箱裝滿泥土時，原本在運河外倒土的作業人員就乘坐空木箱回到挖掘現場。取而代之的是將裝滿泥土的木箱往上吊運往運河外。而下層負責挖泥土的作業員跟著到運河外把泥土倒出。

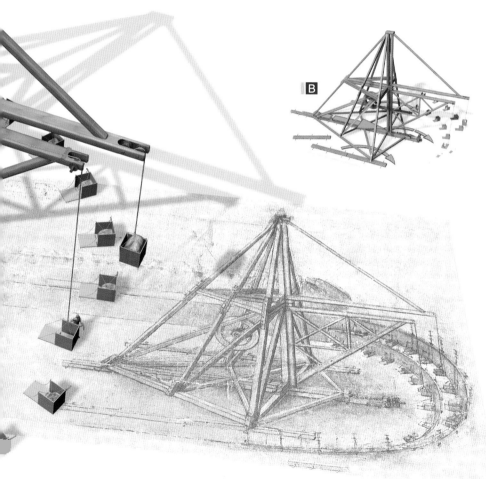

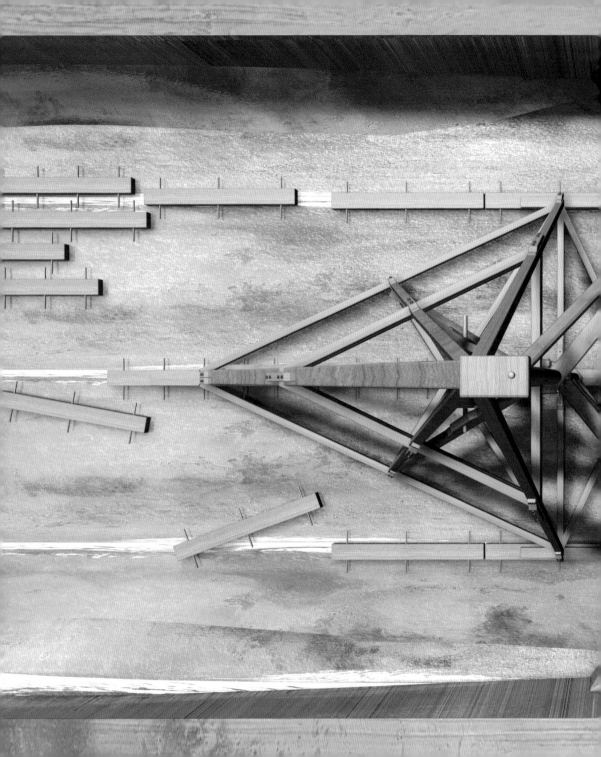

從正上方俯瞰的起重機分解圖

運河挖掘機和雙層工程現場。以從工程
用木箱中看出去的外觀，可以看出這是
一個巨大的裝置。

005 劇場裝置 Theatrical Machines

- 自走車
- 戲劇〈奧菲斯〉的舞台裝置

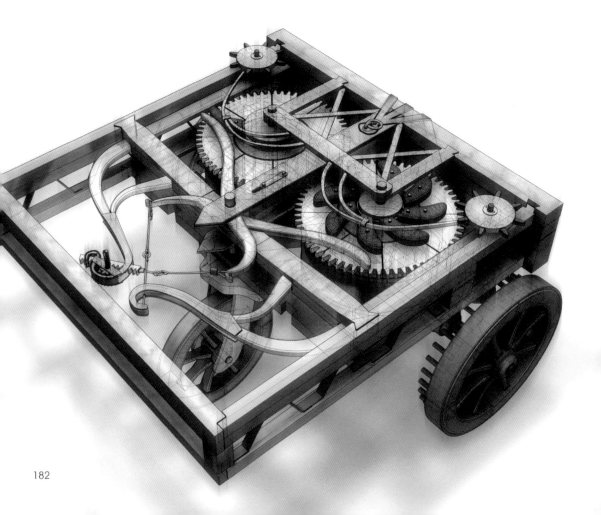

文藝復興時期，很多藝術家和工程師都參與劇場裝置和舞台設計的工作，工程師如喬凡尼・豐達納（Giovanni Fontana）和布魯涅內斯基，藝術家從曼特尼亞（Mantegna）到拉斐爾等等。達文西也不例外。他在離開佛羅倫斯之前就已經開始替劇場設計舞台裝備和機械；在米蘭時期，達文西服侍於史佛薩家族，後期則是替法國宮廷做事。文藝復興時期，劇場要求的是視覺潛力的開發，布景變成了生動的繪畫，演員、藝術家和幕後工作人員都朝同一個目標努力：盡力製造一個重現事實或事件的仿真場景。一般而言，藝術家是透過繪畫或雕塑來描繪現實。劇場給這些藝術家很多機會，不但可以透過靜態的形式表現來模擬現實，還可以利用動作來達到同一個目的。為了戲劇效果，劇場、甚至慶典，都經常使用自動機械裝置。除了當時很流行的中世紀宗教戲劇之外，通俗劇場也相當普遍。比較早之前，通俗劇場發展有限，只限於低階層的文化。後來，它變成戲劇傳播最普遍的形式，在社會菁英階層特別受歡迎。因此，達文西做的舞台設計都是既經典，又通俗的（從戲劇〈達娜依〉到〈天堂盛宴〉到〈奧菲斯〉等等）。我們發現，達文西只有在年輕時待在佛羅倫斯那段歲月，才對宗教劇感興趣。不過話說回來，宗教劇也並沒有因為通俗劇的流行而式微。在佛羅倫斯，宗教劇持續地受到歡迎，也很賺錢。我們知道，1471 年，達文西在維洛及歐的工作室當學徒，史佛薩家的加萊阿佐・瑪利耶・史佛薩（Galeazzo Maria Sforza）到佛羅倫斯訪問時特地為他表演幾場宗教劇，維洛及歐因而受託替這些戲劇表演作舞台設計。不難想像，這些宗教劇是舞台策劃人發揮想像和創意最好的空間。事實上，委託人要求維洛及歐要讓舞台上的佈景和演員可以做特殊的移動，例如上升或下降。在此背景之下，我們不難推斷，達文西設計的第一架飛行機械，就是用在戲劇舞台上面：有網狀翅膀的惡魔機器，靠鋼索支撐來做飛行。

　　佛羅倫斯舞台設計的傳統是強調場景和道具的移動，這也成了達文西後來發想戲劇概念的基礎。如同達文西其他領域的表現一樣，在舞台裝置部分也是先由靜態和諧的觀念開始，再進展到比較動態、自然的方

式。為了瞭解這中間的發展，必須要說明義大利文藝復興時期劇場所產生的大轉變。表演中世紀宗教劇的時候，可能某個場景還在進行，舞台上卻已出現了其他不同的場景，也就是所謂的「副場景」，如：彼拉多宮殿（Pilate's Palace）、客西馬尼亞園（the Garden of Gethsemani）。這樣多場景進行的舞台，顯然違背了亞里斯多德的原則：戲劇表演理應只有單一行動和單一空間的原則。文藝復興時期的劇場，有很多這種零碎片斷的小場景，是根據透視法而演變出來的，目的都是在襯托主要的場景。「透視法場景」或者「城市場景」是由劇作家柏魯齊（Baldassarre Peruzzi）和塞里歐（Sebastiano Serlio）發展出來的，他們的依據就是古羅馬時期的偉大建築師——維特魯威（Vitruvius）使用的法則。不論是悲劇或喜劇。都是發生在城市場景，以透視法來一一呈現屋舍、廣場、宮殿等等。達文西似乎在大西洋手稿 996v 曾經用一幅小草圖來反映這類型的舞台設計。另外，達文西在 1490 年代替斯史弗薩宮廷設計了「天堂盛宴」一劇的舞台，用的也是透視法原理。達文西當時用一個很大的半球型篷幕來象徵天堂，演員在篷幕裡轉動，每個演員都代表天上的一顆行星。這個設計當時可說是艷驚四座。這樣流動式的布景、新奇不落俗套的動態舞台，肯定讓愛新鮮的米蘭宮廷留下深刻的印象。不過，從手稿中的描述我們也可以知道，道具雖然有所創新，但整體舞台仍然強調秩序與和諧，以合乎自然的主題特質：亞里斯多德的星球在天際運行的概念。

　　文藝復興時期盛行的「透視法」舞台設計，其實呈現的是非常靜態的環境，而且，這樣的舞台設計跟透視繪圖法的特性一樣，都是受到幾何原則的制約。多年以後，史佛薩家族被逐出米蘭，換成法國人來統治，達文西替戲劇「奧菲斯」設計舞台，呈現在我們眼前的卻是完全相反的概念。達文西重新回歸去處理戲劇場景的問題，在馬德里手稿的其中一頁有所證明（110r）。他設計了一個劇場，是由兩個半圓形組成，轉動組合之後，可以變成一個圓形舞台，達文西用移動式的結構，在一

個劇場內放入古典戲劇最重要的兩個形式：希臘的半圓形劇場，用來做戲劇、音樂和文學表演；古羅馬的圓形劇場，用來做格鬥表演。這不算是原創性的發明，只是企圖想要重建古羅馬作家普林尼（Pliny the El-der）在《博物誌》（*Naturalis Historia*）中所描述的庫里奧（Gaius Curio）移動式木造半圓形劇場。可以想見，達文西是將重點放在劇場的動態呈現。現存許多手稿仍然跟「奧菲斯」的舞台設計有關（阿藍道手稿 231v 和 264r；大西洋手稿 363 以及另一張最近在私人收藏中發現原屬大西洋手稿一部份的繪圖）。從這些草圖看來，達文西此時對舞台設計的概念，跟文藝復興理論家主張的透視法舞台大相逕庭，而早年達文西本人也曾經珍視並擁抱透視法舞台設計。達文西的舞台設計一方面展現了強烈的自然主義風格：沒有建築物，只有大量的山脈、谷地；另一方面，他的舞台風格又十分具有變化：突然間，山脈會打開，冥王布魯托或其他恐怖的角色從地底緩緩上升。這些草圖裡就算沒有特地畫出恐怖角色身上的翅膀，但劇裡的人物肯定有翅膀，說不定他們配戴的正是達文西年輕時在佛羅倫斯時期設計的那類飛行翼。因此，達文西的舞台設計概念是漸漸地朝自然風格和多變性發展，這跟他同一時期在其他研究領域的發展方向是一致的（從幾何透視法進化的空間透視法）。

達文西晚年持續替舞台和慶典進行設計發明。例如，佛羅倫斯商人曾經在里昂舉行一個慶典，歌頌新登基的法王法蘭西斯一世，達文西替這個慶典設計了一款自動機械：一隻獅子；牠前進的時候胸口會打開，吐出百合花，散在地上。這個時期，達文西的舞台裝置和他設計工作機械一樣，充滿了許多政治的象徵意涵：獅子代表佛羅倫斯，也代表法國城市里昂；吐出的百合花則代表法國國王。它要傳達的訊息很明顯：佛羅倫斯以及梅迪奇家族感謝法蘭西斯一世讓米蘭重回「祖國（法國）」懷抱，恩澤廣被義大利。在法國統治時期，晚年的達文西他所畫的最後幾幅畫也和劇場有關：一幅小草圖上畫有幾個人物穿上不同的戲服，另一幅則是畫有騎馬者的雕像（均保存於溫莎堡）。前者是研究舞台服裝，後者則是設計舞台或慶典用的背景道具。

1452 出生於文西鎮

1460

1470

1478-1480

1480

1490

1500

1510

1519 逝世於安堡埃

大西洋手稿 812r
Codex Atlanticus, f. 812r

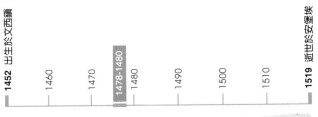

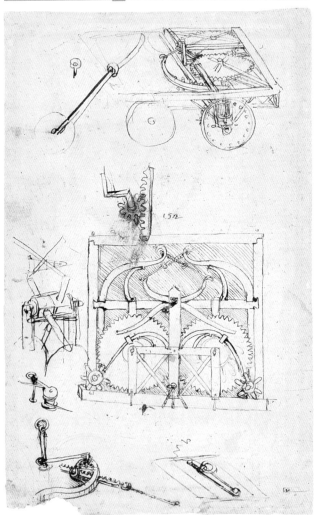

達文西最為人所熟知的機械之一。雖然
這項裝置多年來都被稱為「達文西汽
車」，但最近我們總算明白這項裝置的
真正目的。

自走車 Self-propelled Cart

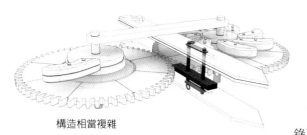

構造相當複雜

　　雖然這只是一種假設，但達文西的「汽車」居然是劇場裝置，真是非常有趣。這份手稿是達文西旅居佛羅倫斯時所繪製的，而構思飛行機械也是同一時期。飛行機械似乎也是為了舞台所設計的，部分手稿的邊緣空白處更記錄了關於宗教劇中天使和魔鬼的翅膀。當時在佛羅倫斯，中世紀宗教劇甚受歡迎，布魯涅內斯基等傑出的工程師和藝術家也活躍其中。

　　如您所見，這只不過是一幅粗略的設計構造草圖，但從它和謹慎繪製給僱主的手稿同樣地使用了繪畫的表現方式來看，不難看出這張手稿對達文西具有極大意義（其中沒有仔細描繪細節，而是一再修正構造的呈現圖，為此，自古至今的達文西研究專家都為了解讀該構造而頭痛不已）。達文西首先將基本構想畫下來，然後再逐步修改細節。若仔細觀察便可發現，相較於呈給僱主的手稿（內容總不容許有異想天開或固守理論基礎的想法），我們可以從這張手稿看出工作室的存在具有的極大影響：不強調精美的繪圖，而是對組裝方式有詳細的說明。從其他觀點來說，這份手稿也能解釋成是一種「推進器」的研究。亦即，生活於戰亂中的人們，經常被迫必須馬上要找出諸如將大砲運往戰地的方法。而達文西便接連想出關於車輪以及其配置的創新構想。雖然不久後他研究起推進機，但他更中意三輪的構造。

　　在達文西的初期手稿中（大西洋手稿17v）記載有關於一人或兩人乘坐駕駛的類似汽車裝置的相關研究。由於這項裝置的齒輪由車輪和小型齒輪組成，若考量到摩擦力，實在是項難以實現的裝置（即使如此，此項裝置仍較前輩們構想的風帆車更成熟）。相較於此，這台「自走車」是使用彈簧驅動的構造。而關於彈簧，達文西在日後撰寫的《機械零件論》中有詳細的記載。此外，彈簧也運用於飛行機械的翅膀上。

產生動力的是被水平裝設在木齒鐵輪下方的兩組大型渦狀彈簧，彈簧轉動的方向各不相同，各自被收納於木製的圓桶中。二個木齒鐵輪直接連接在渦狀彈簧上，各自朝反方向旋轉，將動力傳送到其他零件上。

兩種零件的正確連結促使達文西構想出一個完全不同的機器，雖然做為推進力所使用的彈簧只要一組便已足夠，但若設置兩組的話，在結構上會顯得更為安定，此外，動力也會變成原本的兩倍。

B

角落的零件是為了讓一對裝設於自走車前端的葉片彈簧作動，並將產生的動力傳達至車輪而設。因為彈簧的運作不甚安定，所以為了儘量不要出現忽然加速又馬上減速等不恰當的動作，達文西設置了擒縱機，以求裝置的安定性。這是一種與時鐘的擒縱機相似的構造，可以定時彈打彈簧片前端，使彈簧能規律地運作。彈簧片規律地發出彈打的聲音，也傳達出愉快的旋律。

C

解開這項裝置的最重要關鍵是以小圖示呈現的手煞車。這個構造很可能是木頭所製，然後插入兩個木齒鐵輪中間。這樣一來，即使捲動渦狀彈簧，木齒鐵輪不能旋轉，裝置就會保持靜止。拉扯被安裝在煞車上的繩索，朝水平方向拉緊，便能鬆開木齒鐵輪，使齒輪旋轉，此時，裝置便會開始運作。

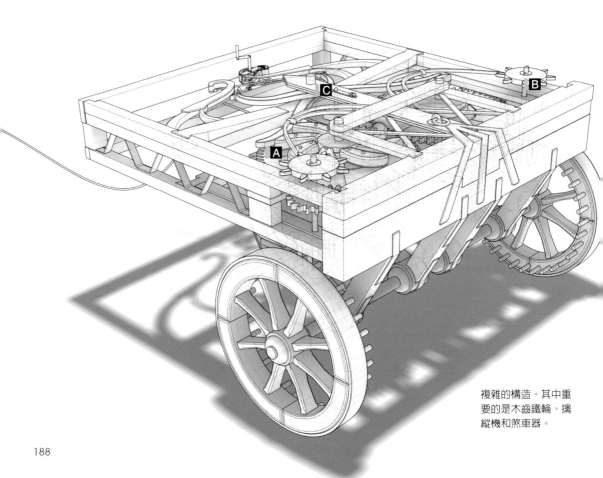

複雜的構造。其中重要的是木齒鐵輪、擒縱機和煞車器。

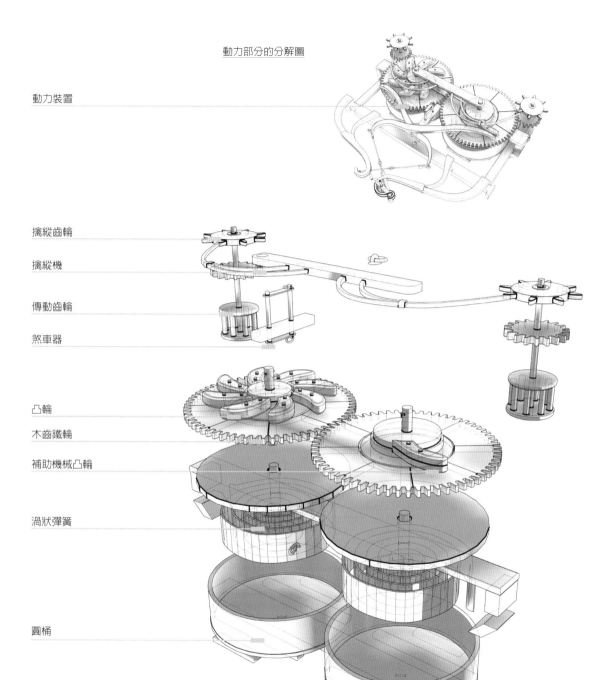

動力部分的分解圖

動力裝置

擒縱齒輪

擒縱機

傳動齒輪

煞車器

凸輪

木齒鐵輪

補助機械凸輪

渦狀彈簧

圓桶

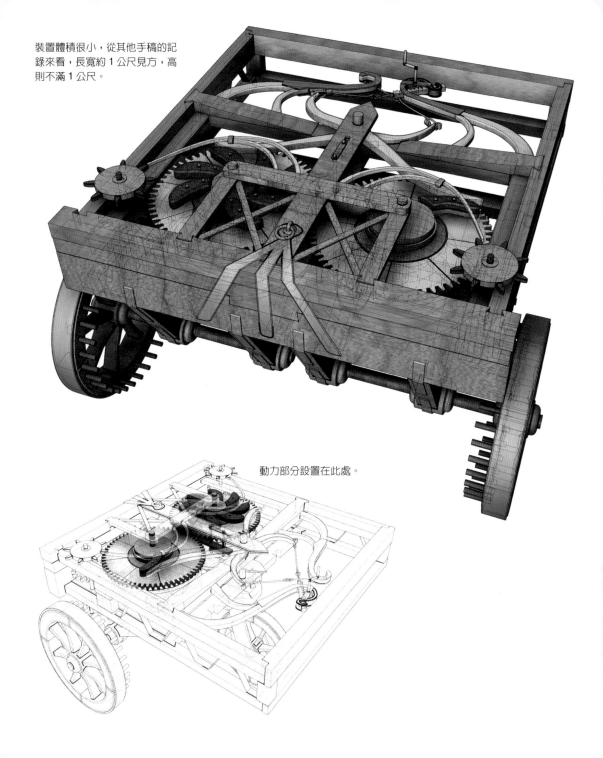

裝置體積很小，從其他手稿的記錄來看，長寬約 1 公尺見方，高則不滿 1 公尺。

動力部分設置在此處。

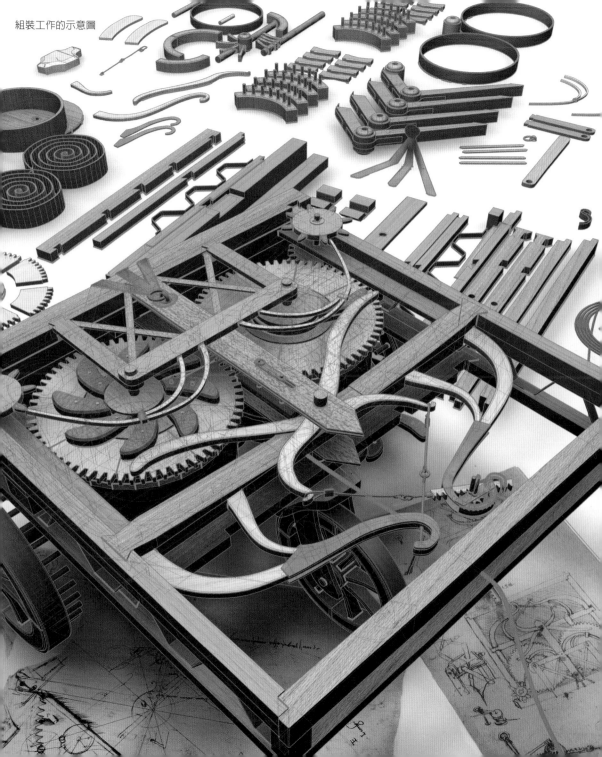

組裝工作的示意圖

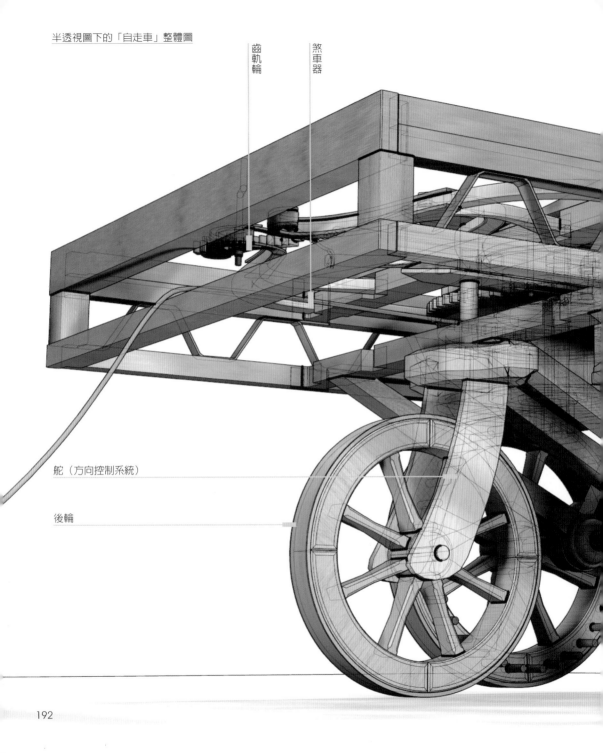

半透視圖下的「自走車」整體圖

齒軌輪

煞車器

舵（方向控制系統）

後輪

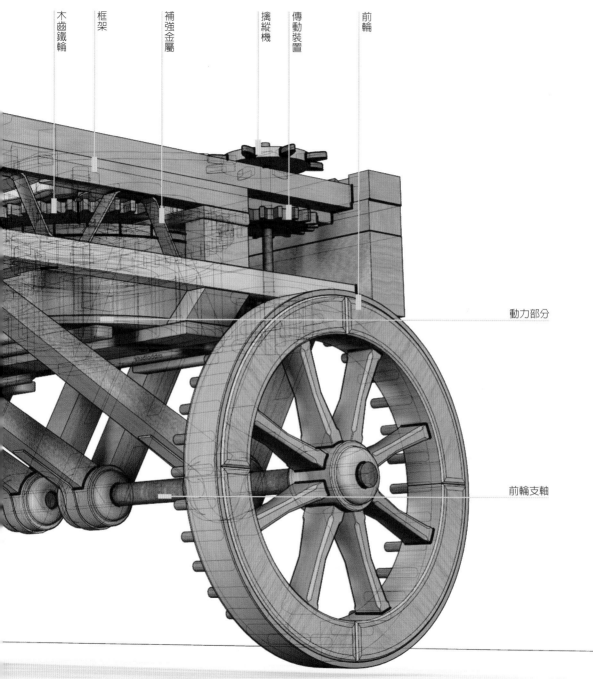

木齒鐵輪

框架

補強金屬

擒縱機

傳動裝置

前輪

動力部分

前輪支軸

1452 出生於文西鎮

1460

1470

1480

1490

1500

1507 年左右

1510

1519 逝世於安堡埃

阿藍道手稿 231v
Codex Arundel, f. 231v

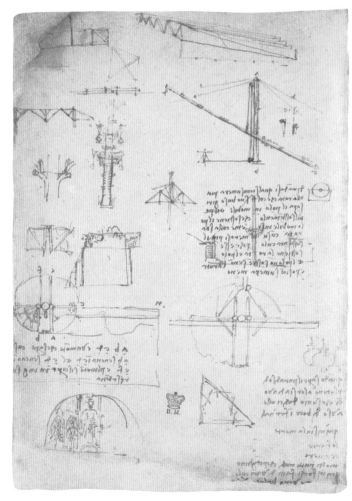

描繪有此項舞台裝置的
紙稿散落於各個手稿
中。左頁是阿藍道手稿
中的一頁，其他也有收
納於大西洋手稿中或私
人收藏的手稿。

戲劇〈奧菲斯〉的舞台裝置
Theatrical Staging for Orpheus

　　達文西一生中曾為幾個宮廷服務，各個當權者將他留在身邊的最大理由便是他具有舞台設計的才能。然而，那驚為天人的舞台裝置通常在表演結束後就宣告廢棄，而且達文西的舞台裝置的相關史料也所剩無幾，所以後世無法真正掌握他動人的才能。那極少數舞台裝置中，目前仍有跡可循的便是訴說主角與尤莉黛（Eurydice）的淒美戀情的希臘神話劇〈奧菲斯〉的舞台裝置。這齣戲劇在達文西於第二次旅居米蘭時期（1506～12年）上演，當時的米蘭正受法國所統治。史佛薩家族被驅逐後，達文西轉而服侍於法國的新統治者，而能在讓他繼續留在米蘭工作也是拜舞台設計者的名氣之賜。

　　這個舞台裝置也被記載在阿藍道手稿中的兩頁、大西洋手稿中的一頁、私人收藏裡的一頁中（私人收藏品直到近年才被發現，手稿上繪有山巒以及極似襲擊奧菲斯的復仇女神（Erinys）的女性圖像）。雖然每一頁都只是該裝置的片斷描繪，但也明確地表現出達文西所描繪的舞台影像。其中，他主張的舞台裝置必備特徵——自然與動感也清楚可見。

　　文藝復興時期盛行的「空間透視法」舞台，是以透視法描繪出的街道風景為背景，呈現出井然有序的安靜空間。相對於此，達文西的《奧菲斯》是一個以連綿山巒和峽谷等自然為背景的動態舞台。首先，在寧靜的氣氛中，奧菲斯和尤莉黛互訴衷情；突然，舞台轉動，連綿山巒從眼前消失，出現了從地底來的冥王和他的僕人。從這裡展開的悲劇部分是以地底下世界為舞台的故事。

　　關於這種舞台轉換，達文西在左頁的手稿留下了以下記錄：「在冥王之國的場景中，讓發出怒吼的惡魔登場。死神、復仇女神、地獄三頭犬以及低聲啜泣的天使們也出現。接著是各種顏色的火焰……」冥王之國當然指地獄，所有的場景重現奧菲斯的悲劇。

裝置重現圖

195

A 為了讓人容易了解，在此僅呈現基本構造。一開
始，這個球體是做為舞台的背景（山巒）之用的。
實際的舞台並不如圖示般是個有弧度的半球體，很
可能是凹凸不平的表面，並且被塗上顏色。因為這
個裝置很大，而且是用紙張製作的，所以很輕。內
部隱藏了滑輪等裝置。

B 在適當的時機下，舞台裝置會從球體中心向左右開
展，第二幕便就此展開。在場景變換的同時也是主
角從舞台下出現的重要時刻。

C 球體完全打開時，將會出現一個新舞台。觀眾的目
光會完全聚集在乘著包廂登場的主角身上。

D 球體展開的構造極為簡單。首先，演出者在舞台下
的小型包廂中等待，包廂背面有一個放置了裝有重
物（砝碼）的箱子，由工作人員操作。重物向下掉
時，包廂便會上升，同時球體就會向左右展開。但
也有可能是由工作人員站到箱子中取代。

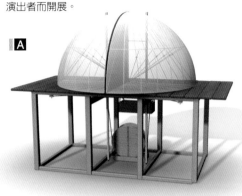

A

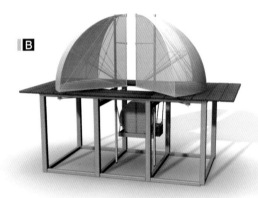

B

因為重量（或者是二到三
個人）的作用，球體便會
如箭頭所示那樣開展。

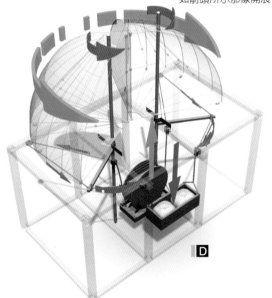

D

C

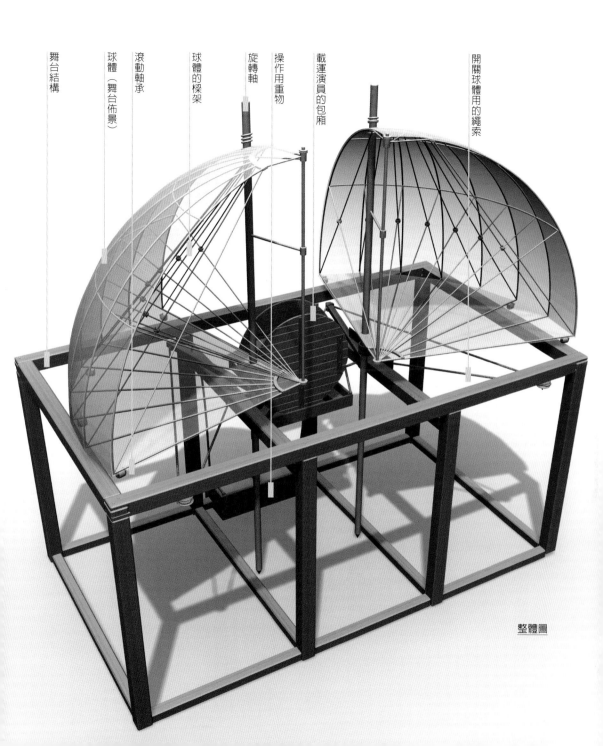

舞台結構

球體（舞台佈景）

滾動軸承

球體的樑架

旋轉軸

操作用重物

載運演員的包廂

開關球體用的繩索

整體圖

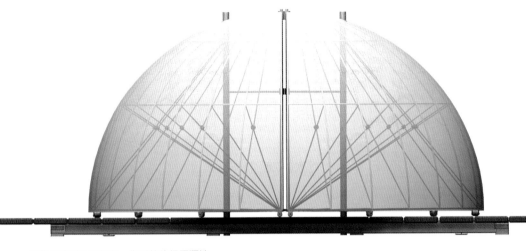

從觀眾席看去的舞台。為了能夠很平順地
開啟裝置，球體下方裝設了滾動軸承。

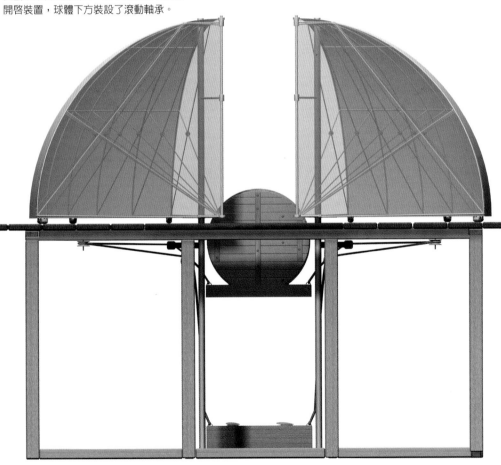

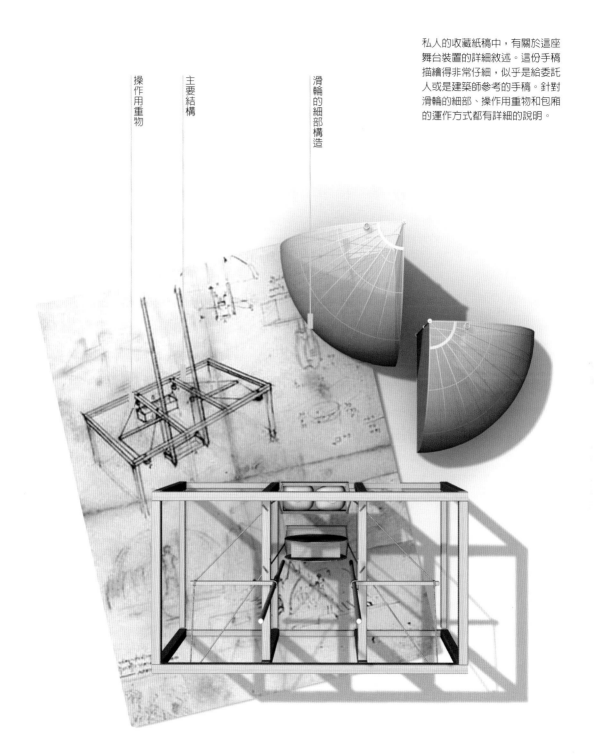

私人的收藏紙稿中，有關於這座舞台裝置的詳細敘述。這份手稿描繪得非常仔細，似乎是給委託人或是建築師參考的手稿。針對滑輪的細部、操作用重物和包廂的運作方式都有詳細的說明。

操作用重物

主要結構

滑輪的細部構造

006 樂器 Musical Instruments

- 獸頭里拉琴
- 自動演奏大鼓
- 提琴式風琴

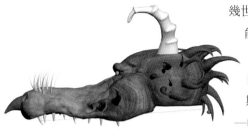

幾世紀以來，傳記學家都同意達文西是彈奏各種樂器的能手，像里拉琴就是其中一種。

還有證據顯示達文西在音樂方面另有一項長才。達文西是基於很多原因在 30 歲的時候就離開佛羅倫斯去了米蘭。不過，當時的傳記學家是將他的遷移——轉居到斯福爾札領地的首都——歸因於他的音樂活動。當時，顯赫的梅迪奇家族的羅倫佐大公（Lorenzo the Magnificent）請達文西達帶著自製的里拉琴去獻給史佛薩公爵（Ludovico il Moro）。那把琴外形特異，頂端是一個馬的骷髏頭，整把琴都是純銀打造。如同瓦薩里所說，那把琴的價值不只在於它的材質昂貴、外形特殊，而且「可以發出更響亮的聲音、回聲效果更佳」。瓦薩里提到，達文西在彈奏這把里拉琴時，因為演奏得太好，把整個史佛薩宮廷樂師都比了下去。也正因如此，才讓史佛薩公爵注意到達文西的多才多藝，終於將他留在米蘭。

根據我們從傳記學者和達文西寫給米蘭公爵的自我推薦信看來，達文西搬遷到米蘭，算是他生命中的大事。這個契機既不是來自於他的繪畫才能，反而是因為他的音樂家身份，還有他製作發明樂器的本事，至於他在軍事工程領域的才華，就更不在話下。其實如果我們仔細推敲當時的時代背景，這樣的因緣際會，是可以理解的：戰爭被擺在第一順位，所以達文西用軍事工程師的身份出現在史佛薩宮廷，的確比較容易引起注意。至於音樂的部分，文藝復興宮廷對音樂的重視，也著實令人驚訝。許多王公貴族都有音樂人才的「網羅計畫」，到各地去延攬最有名的作曲家和音樂家。這些音樂界的名家，一旦被僱用，俸祿非常優厚，有時甚至還會被賞賜土地、還享有其他福利。15 世紀末期，史佛薩家族被逐出米蘭，費拉拉公爵埃科爾·德埃斯特（Ercole d'Este）派人前往米蘭來延攬史佛薩教堂裡的知名樂師，經過許多波折，才成功地請到若斯坎·德普雷（Josquin DES PREZ.）。德普雷和當時許多音樂家一樣，是外國人，一直到蒙特威爾第（Monteverdi）出現之前，樂壇

基本上是被歐洲北方人士所主導的。14世紀，義大利的偉大樂師包括喀布里歐（Franchino Gaffurio），有一說是今天陳列在盎博羅肖圖書館（Ambrosiana）裡的達文西的繪畫作品，畫的就是喀布里歐。他不但是作曲家、風琴演奏家、也撰寫音樂理論（和聲學De Harmonia），更活躍於米蘭，擔任當地大教堂的唱詩團指揮。達文西筆下的這幅畫像，手裡拿著一張紙，紙上寫著「Cant Ang」，這可能是指喀布里歐最有名的曲子〈Angelicum ac divinum opus musicae〉。像這樣出名的樂師，各地的貴族都捧著大把鈔票想要延攬。達文西大概認識喀布里歐，這更證明了他與音樂領域是十分親近的，尤其是他受僱於米蘭公爵時期。我們也要記得，1480年代，達文西在史佛薩宮廷之所以很活躍，不是靠畫家的身分，而是因為他很會策畫慶典和戲劇。（著名的〈岩窟聖母〉（Virgin of the Rocks），就是達文西在1483年受委託的案子，不過僱主不是宮廷，是一個私人的協會）。宮廷的慶祝活動通常會有音樂表演穿插，需要有樂曲的創作，也會有新樂器的發明。這也證實了文獻中所說的，達文西一開始受到尊崇，打開知名度，並不是以畫家和科學家的身分，而是以樂師和活動策畫人的身分。有一份繪有樂器的手稿，繪製時間可追溯至史佛薩時期，這似乎印證了達文西早年在米蘭確實是從事音樂事業。原先屬於原稿B的阿土伯罕手稿2037也有里拉琴的繪圖，琴頭上是動物的頭骨，文字說明則直指那把樂器是達文西獻給史佛薩公爵的禮物。據我們所知，達文西的樂器發明，在當時是相當具有原創性的。不過，要重建達文西時代的樂器並不是那麼容易。因為，那些深具原創性的樂器很少完整地保留到今天。重建文藝復興時期的樂器，最有用的應該是參考當時有關音樂或樂器的著述，特別是16世紀的文獻。另外具有參考價值的是那些畫有樂器的繪畫、或是木刻鑲嵌畫以及其他藝術作品。

文藝復興時期，音樂是宮廷生活中很重要的一部分，不論是公開或

私人場合，都經常演奏樂器，對於音樂有這麼大量的需求，因而刺激了人們去發明新樂器或改造現有樂器。達文西時期，有一些絃樂器是沿襲自中世紀，如六絃琴和三絃琴（這種樂器在當時的新音樂中不再出現）、袖珍臂里拉琴、提琴家族：古中提琴、古大提琴。提琴家族的音域比較接近人聲；分為高音、中音、次中音和低音等等，樂器的體型愈小，聲調愈高。小提琴、中提琴和大提琴，這三種樂器到今天都還在使用，它們都是從文藝復興時期的絃樂器衍生而來的。魯特琴（lute）則是另一個器樂部門的主要角色：彈撥樂器。第一首專為魯特琴所寫的樂曲是在 1507 年譜成並付梓，也確定了魯特琴的重要地位。早先是阿拉伯人將魯特琴傳入歐洲，隨後完全融入西方音樂文化。15 世紀末、16 世紀初，魯特琴的彈奏方式有了重大的改變：除了使用中東傳統的撥片來演奏之外，也使用右手的指尖來撥絃。用手指撥絃，讓演奏者能夠撥出多重音律；整個 16 世紀，魯特琴的構造都是有六對琴絃，調成同樣的音或八度音。另一種很普遍的彈撥樂器是豎琴。豎琴和魯特琴都用來替宮廷歌手伴奏，不過在宗教畫裡面，這兩種樂器也被用來替天使的合唱伴奏。

打擊樂器的運用也很廣泛（鼓、鈴鼓和三角鐵），大部分是用在民間或慶典，以及宮廷裡的慶祝活動。在音樂領域還有一項革新，就是使用鍵盤樂器。除了用空氣壓力的原理來發聲的管樂器之外，音樂表演之中加入了古鋼琴、羽管鍵琴、小型鋼琴、以及小鍵琴。這類鍵盤樂器的發聲方式，是手指在琴鍵上施壓，琴鍵牽動琴絃的振動而發聲。在達文西的手稿裡面也描述了一些鍵盤樂器的「機械原理」。達文西的創造力，展現在他所發明的絃樂器和鍵盤樂器上，像提琴式風琴、鍵盤樂器的使用。為了讓樂器的聲響更豐富、更多變，達文西也運用了一些機械原理在打擊樂器上面，例如：大西洋手稿 837 的鼓。最後，在管樂器的部分，達文西依據他在阿土伯罕手稿 2037 中的舊型設計圖，將構造較為簡單的設計，改良成為馬德里手稿 II 76r 裡更複雜的樂器，其中有一個雙管風笛，演奏時必須使用到手肘。

1452 出生於文西鎮
1460
1470
1480
1485-1487
1490
1500
1510
1519 逝世於安堡埃

阿士伯罕手稿 I Cr
Ashburnham I, f. Cr

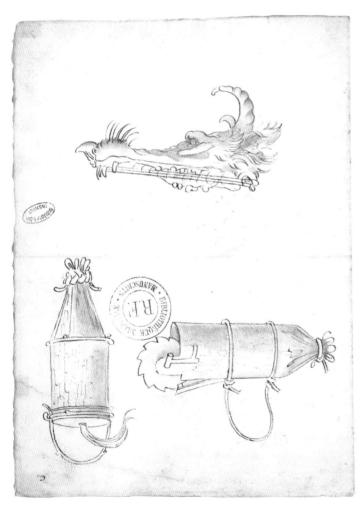

這張草圖繪製了三種樂器（為了容易觀看，我們將草圖上下顛倒。上方為里拉琴），這些樂器的功能與其說是為了吹奏出音符，反倒像是為了發出很大聲響。

獸頭里拉琴 Skull-shaped Lyre

　　阿士伯罕手稿中的樂器草圖大多都像這份手稿般簡單。這份手稿完全不似達文西的風格，甚至令人懷疑這是他所繪製的草圖。不過，簡單的草圖正好與當時流行的樂器——長笛所呈現的樣貌相符。

　　從手稿中里拉琴的奇特外型，讓人聯想到的，首先是達文西的原創性，再來就是決定他人生、影響往後人生的移居米蘭的決定。兩本達文西在此時期所撰述的自傳中都大大提到里拉琴。例如，十六世紀出版的一本傳記中便有以下敘述：

　　「三十歲的時候，達文西和米格里歐羅提（Atalante Migliorotti）兩人同時被佛羅倫斯大公羅倫佐・梅迪奇派往米蘭公爵的身邊，向他獻上里拉琴。」

　　達文西是 1452 年出生的，前往米蘭則是 1482 年的事。同行的米格里歐羅提是佛羅倫斯的音樂家，之後在羅馬成為一個知名的建築家。

　　此外，另一本傳記中則記述說：傳說達文西被派前往米蘭其實只是外交策略之一。羅倫佐・梅迪奇派達文西向米蘭公爵盧多維哥・史佛薩呈獻貢品。而這把外型奇特的里拉琴則是特別贈品。這是段小插曲顯示了當時在義大利握有極大影響力的羅倫佐的卓越政治手腕。但關於這一點，喬治・瓦薩里則寫下了里拉琴是由達文西親自製作的，且其為銀製馬頭外型的相關記載。

　　這幅草圖是在那之後數年所描繪的，其中一幅琴弦貫穿虛構的動物的頭部至嘴部形狀的樂器，和獻給米蘭公爵的里拉琴非常相似。

　　然而，達文西之所以被派往米蘭擔任使者憑藉的是他的藝術和音樂才能。他不只是將樂器帶去米蘭呈獻給公爵，也和米蘭宮廷中的樂師們展開了演奏比賽。當時的樂器是名為臂里拉琴（Lira da braccio）的撥弦樂器，是常用於即興詩的吟詠伴奏中的樂器。因為當時的藝術體裁流行重新詮釋遠溯至荷馬（Homeros）等即興詩人和吟遊詩人的傳統，也正是文藝復興時期的特徵——復興古典文化。

A

達文西似乎將這把樂器作為舞台小道具來構思。雖然他曾經發明過各式各樣的樂器，但若從當時使用的技術、樂器等品質來看，這把里拉琴絕對不值得大書特書。此外，自古就有仿照動物外型的樂器。達文西將口腔內的骨頭作為琴格、將牙齒作為琴拴（調律釘）、頭蓋骨的空洞作為響板（共鳴板），可看出他確實投入了獨創的用心。

A

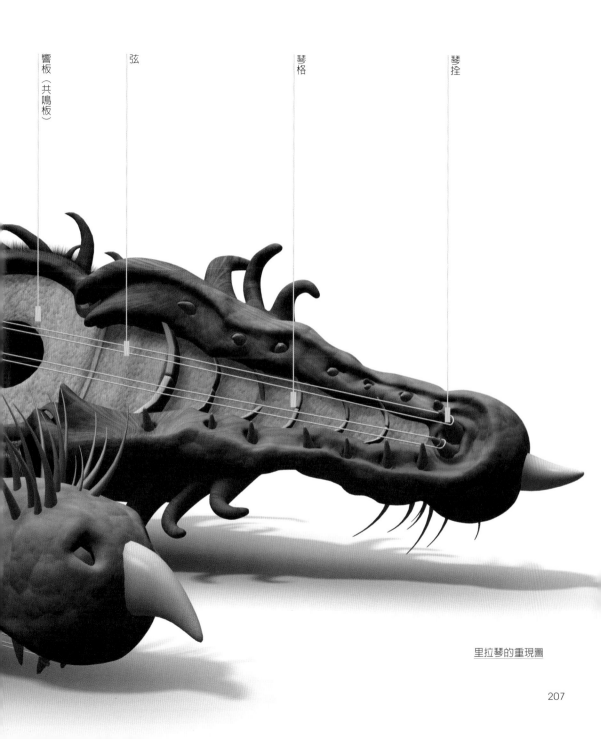

響板（共鳴板）

弦

琴格

琴拴

里拉琴的重現圖

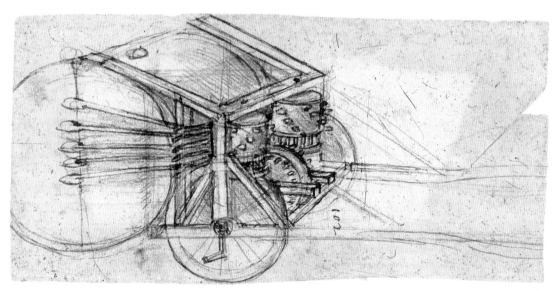

這份手稿並非完成圖，但其構造卻清楚可見。仔細觀看，可發現草圖裝置了車輪，以及用以取代車輪的曲柄手把。

自動演奏大鼓 Mechanical Drum

使用時的想像圖

達文西畫下了為數眾多的機械鼓的研究草圖。與弦樂器相比，打擊樂器是一種構造單純，容易使用的樂器。達文西對於研究的各種樂器當中，他最感興趣的便是打擊樂器。

研究樂器時，達文西以研究與現有樂器大相逕庭的新式打擊樂器為目標，其目的可能有二：第一是製作出只要簡單調整，便能變換樂器的形狀、大小和配置的構造，以及能發出多種聲音的樂器。第二是將樂器機械化。大西洋手稿中的這份手稿的引人注目之處就是機械化構造。

西洋樂器在十六世紀有了長足的發展，然而，達文西在打擊樂器的研究中所投注的心力，絕不是只用這個時代的風潮就能夠一語帶過的。歷經不斷的改良之下，樂器的定位從單純地用來作為聲樂的伴奏，更進一步轉變為可獨立演奏音樂的樂器。這樣的發展背後有樂器理論的傳述做為支撐。當時，打擊樂器不如其他樂器受重視。維當（Sebastian Virdung）在其著作《Musica Getutscht》（1511 年）中，將定音鼓稱做是「惡魔的發明」，而其他的樂器理論也有相同主張。

然而，達文西熱衷於打擊樂器的研究還有其他的理由。他不將打擊樂器視為樂器，而是當作舞台、雜耍節目或戰爭中使用的道具來研究。這個自動演奏大鼓的裝置似乎是為了使用於戰場上而研發的（大西洋手稿 877r 中也有幾張相似大鼓的手稿）。

這張手稿是用紅色粉筆和墨水所描繪的。然而，通常達文西並不會用紅色粉筆繪圖，這幅草圖有些粗糙，看起來像是尚未繪製完成的半成品。我想在繪製這張草圖時，達文西的腦海中應該曾響起戰場上如同雷鳴般的大鼓聲響。達文西發明了許多戰爭用的機械裝置，在文藝復興時代，用於戰爭的機具確實是備受重視的。

手稿中繪有拖拉式（用細線描繪車輪）及固定式（位於手稿右側）兩種草圖。拖拉式是屬於只要拉動裝置本體，車輪一轉動，便會產生動力的構造。藉由位於中央的齒輪和兩個鼓狀滾輪的運轉，啟動鼓棒，擊打大鼓。兩個鼓狀滾輪的孔洞中插入小支木栓，即可產生各種的旋律。

這是沒有車輪的固定式裝置，代替車輪轉動裝置的是設置在兩邊的轉動用把手。我想這應該是在狹窄或有限的空間中所使用的裝置。

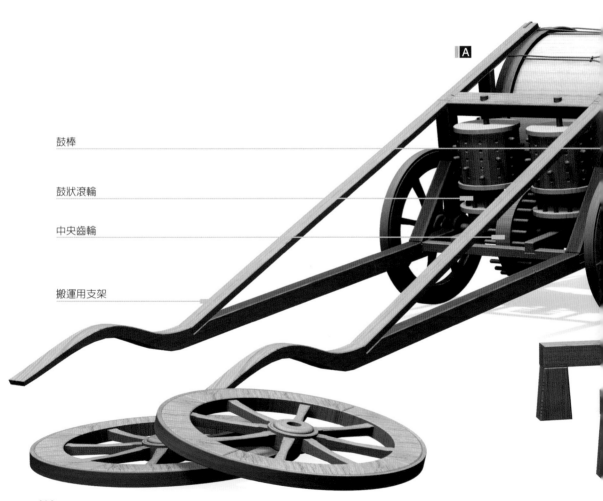

A

鼓棒

鼓狀滾輪

中央齒輪

搬運用支架

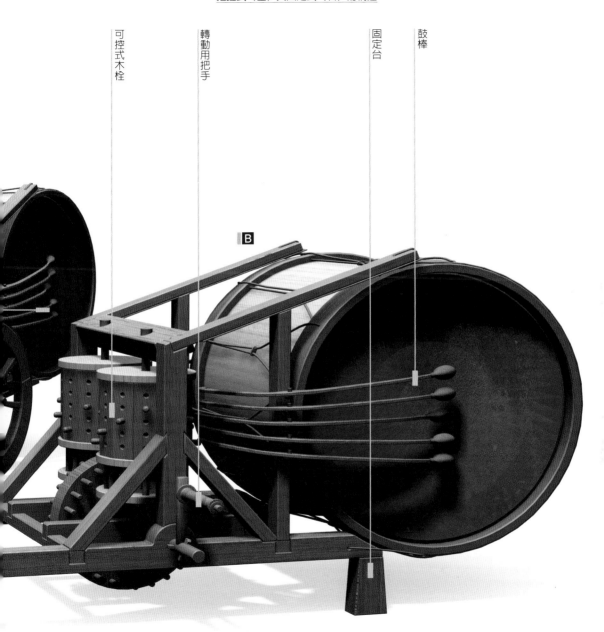

可控式木栓

轉動用把手

固定台

鼓棒

B

C 這個裝置的精采之處在於，使用小支木栓就能控制大鼓敲打節奏。但是，可變化的節奏種類非常少。如果使木栓呈直線狀排列，大鼓就會發出規則的旋律。若不規則插放木栓就能使節奏有所變化，也能調整聲音的強弱。此外，沒有插上木栓，便無法產生鼓聲。

C

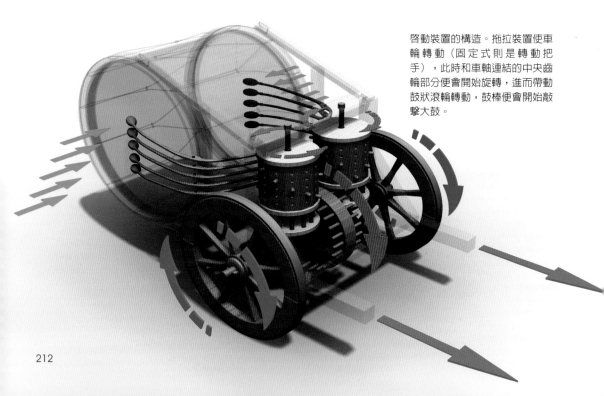

啟動裝置的構造。拖拉裝置使車輪轉動（固定式則是轉動把手），此時和車軸連結的中央齒輪部分便會開始旋轉，進而帶動鼓狀滾輪轉動，鼓棒便會開始敲擊大鼓。

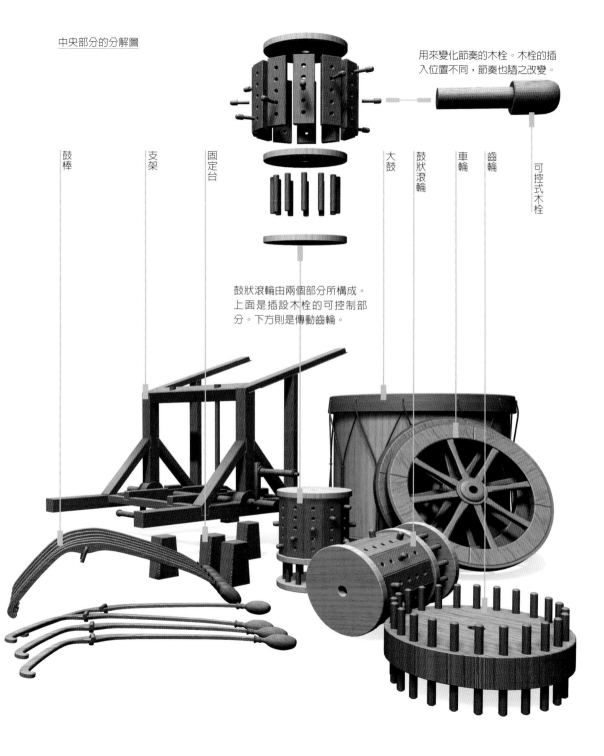

中央部分的分解圖

用來變化節奏的木栓。木栓的插入位置不同，節奏也隨之改變。

鼓棒

支架

固定台

大鼓

鼓狀滾輪

車輪

齒輪

可控式木栓

鼓狀滾輪由兩個部分所構成。上面是插設木栓的可控制部分。下方則是傳動齒輪。

1452 出生於文西鎮

1460

1470

1480

1490

1493-1495

1500

1510

1519 逝世於安堡埃

大西洋手稿 93r
Codex Atlanticus f. 93r

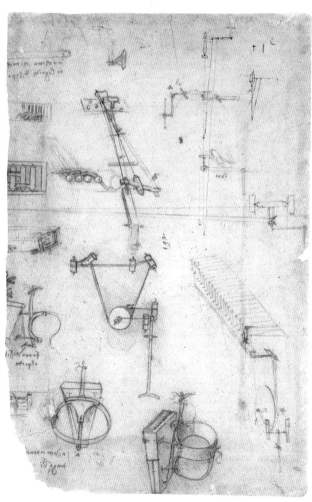

每個零件都繪有多張草
圖。左下方是接近成品的
提琴式風琴。

提琴式風琴 Viola Organista

樂器的整體圖

　　這份手稿是以鮮紅或紅鉛筆所描繪出來的。達文西約從 1490 年代開始使用黑色或紅色鉛筆，至於確立這樣的畫風則要到 1500 年以後。

　　由於達文西使用鉛筆繪圖，使得他的草圖從線條清晰而明確，一變成為更生動富感情的作品。起初，鉛筆只是一項用來當作打草稿和素描的工具，然而，自十六世紀起，畫家們轉而喜歡用鉛筆作畫。這是一項劃時代的變化。鉛筆打開了繪畫表現的新視野——更加複雜、曖昧及多樣化——被展現在繪畫中。如同這份手稿所示，達文西身為使用鉛筆的先驅者，他不只是在繪畫，也在科學、機械學等各種領域研究中都使用了鉛筆。因為這份手稿原本就是草稿，所以才會使用紅色鉛筆的筆尖描繪出輪廓分明的線條。

　　手稿中所繪製的數幅草圖，都是為了研究一種名為提琴式風琴的機械裝置，這種機械裝置只要撥動琴弦就能發出聲響，這在當時是廣為人知的樂器。達文西在不斷研究如何調節聲音強弱以產生變化的期間，留下了些許手稿。雖然這些研究都沒有被真實製作出來，但可以看出手稿中的裝置是非常嚴謹的，而且達文西不只詳細描繪樂器的構造，也對樂器的拿法作了相關說明（草圖的左下方）。

　　當初這份手稿上很可能繪製了更多的草圖，達文西應該已將草圖全部組合完成了這項發明計畫，這可說是充分發揮達文西本領的手稿。

　　達文西繪製這份手稿的 1490 年代，他的研究發明已達到縱橫所有領域的新境界。這個時期，達文西繪製了排列地井然有序的馬德里手稿 I 中的機械零件。另外，他更研究車輪和螺絲等基本零件，並確立了機械設計的基礎理論。從中央的草圖即可看出，各零件被精確地描繪出來，他藉由組合車輪和琴弦等零件，發明了這座提琴式風琴。值得一提的是，自動人偶和飛行機器也以相同的方式所組合而成。

可以邊走，邊演奏。

固定裝置

鍵盤

穿戴裝置

響板（共鳴板）

控制手把

A 右下方的草圖中，控制手把被設置在裝置的右側。只要操作這支手把便能旋轉位於裝置內部的飛輪（調節輪），以發出聲音，所以演奏者必須不停地操作手把。達文西為這個裝置構思了幾種構造，也繪製了控制手把裝設在主體下方的草圖。這裡重現的是演奏者一邊走，一邊操作控制手把演奏的裝置。

B 有了這個穿戴裝置，演奏者就能自由地走動。

C 鍵盤部分和鋼琴類似，也可演奏三個八度音的音域。達文西為了讓演奏者能使用雙手彈奏而傷透腦筋。

D 響板（共鳴板）的內側中裝設了琴弦，以及相當於小提琴的琴弓般的絲狀纖維等。琴弓的材料可能是使用和現代小提琴相同的馬毛。只要操作控制手把使內部的飛輪轉動，即可開始演奏。

216

圖示的控制手把朝上，演奏時必須
一手活動控制手把，一手彈琴。

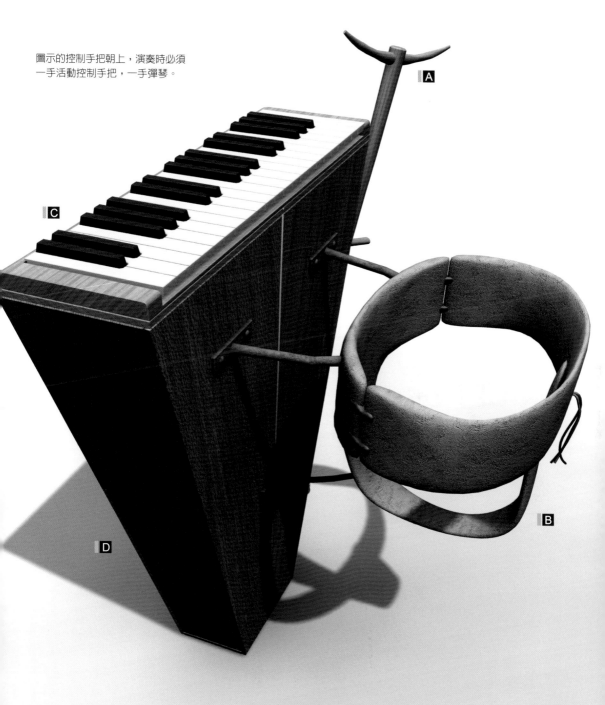

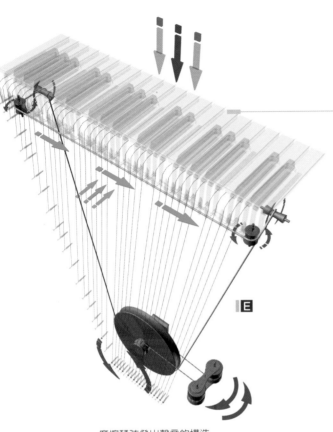

摩擦琴弦發出聲音的構造

鍵盤的放大圖

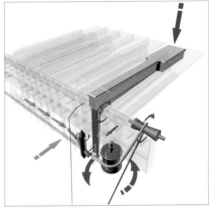

E 如果演奏者用腳操作控制手把的話，功能相當於琴弓的絲狀纖維便會開始運作（演奏者必須有規則地操作控制手把）。琴弓不斷地向一個方向轉動。而負責產生動力的飛輪為了以慣性力維持數秒的旋轉，便必須有相當的體積。按壓鍵盤後，被連結在琴弦上的小型機臂便會開始運作（下圖）。使得琴弦和絲線摩擦後發出聲音。敲擊鍵盤的力道能夠控制聲音的強弱。

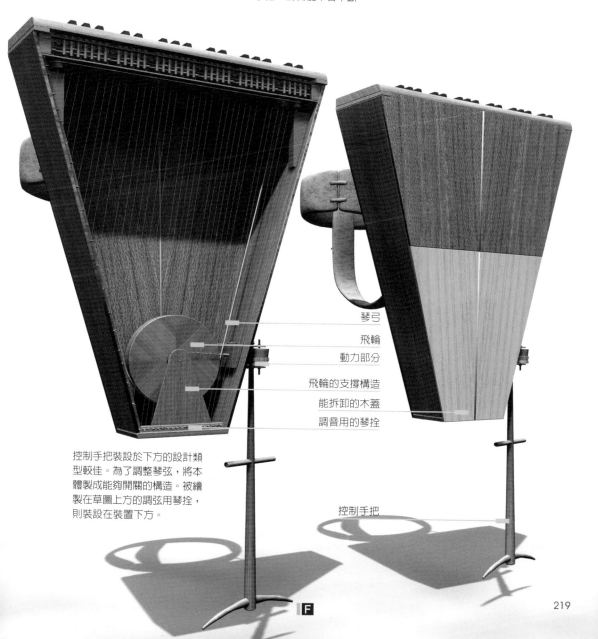

F 達文西為這項裝置構思了幾種類型，這張圖是控制手把裝設在下方的類型。只要演奏者走動，機械便會開始運作，所以如果樂隊需要邊行進邊演奏時，演奏者就能使用雙手自由地演奏。只要不斷地操作控制手把，聲音便不會中斷。

琴弓

飛輪

動力部分

飛輪的支撐構造

能拆卸的木蓋

調音用的琴拴

控制手把裝設於下方的設計類型較佳。為了調整琴弦，將本體製成能夠開關的構造。被繪製在草圖上方的調弦用琴拴，則裝設在裝置下方。

控制手把

F

007 其他機械 Other types of Machines

■ 印刷機
■ 里程計算器
■ 圓規和兩腳規

馬德里手稿主要分為兩個部分：一個是機械發明，另一大類是抽象的學理研究，包括斜面重力作用、靜力學以及力學等。鳥類飛行手稿（the Codex 'On the Flight of Birds'）的架構也很類似：除了有關自然飛行的研究（運用在飛行器的設計上），另一個理論性的單元就是在探討靜力學和力學。

許多世紀以來，機械理論（靜力學、力學、動力學）和機械設計，向來是兩碼子事，壁壘分明。前者是相當抽象的法則，後者則是純粹的實用性。達文西在這個領域的創新，是將機械理論和應用機械予以統一。在鳥類飛行手稿和馬德里手稿 I 裡面，理論性比較強的章節並不是在研究實用機械的構造或設計，反而比較像是在研究靜力學和力學，這兩門學科是達文西經常運用在機械設計上、甚至運用在理解自然飛行的原理上。

達文西另一項很根本的創新是，他不止研究特定用途的單一機械本身，更進一步有系統地去研究每個機械的組成零件：螺絲、齒輪、彈簧、捲軸、纜線等等。達文西很重視這些零件，並在手稿中經常提到《機械零件論》。1960 年代，達文西的兩份手稿在馬德里被發現，其中一份稱之為馬德里手稿 I，有些學者認為這份手稿符合達文西提到的《機械零件論》。根據達文西自己的說法，這部《機械零件論》，比起馬德里手稿 I，內容更為複雜。它包括理論性的單元，涵蓋廣泛，如幾何學、靜力學、力學、動力學；也包括實用性的單元，專門研究每種機械的零件（齒輪、螺絲等等），以及機械本身的構造。

達文西一貫的研究態度是，要去弄清楚每個完整個體裡的共同組成要件。例如他研究解剖學，比較人體和動物的差別、比較不同種類動物之間的差別，目的是要找出基本原則和要件，以及生物體的共同特徵。

達文西統一了理論機械和實用機械的研究，也對機械零件有自己的想法，他試圖賦予機械設計更嚴謹的技術基礎，也消弭了幾世紀以來，存在於操作技藝（mechanical arts）和自由技藝（liberal arts）的鴻溝。在達文西之前，所謂的「操作技藝」指的是人類運用雙手所從事的所有

活動，如繪畫、金工、雕塑、建造工程。只要是與手作相關的學科，都被認為在文化上和社會上是等而下之的。就拿醫生和外科醫生來說，因為自從中世紀以來，醫生們努力想提升醫學這個學科的地位，因為它不只是知識性的學科，也包括了雙手的運用。文藝復興時期，畫家、雕刻家、工程師，也不停地想證明本身學科的科學性。畫家和雕刻家研究幾何學，以便能更準確地運用透視法來表達空間概念；他們研究解剖學，以便在描繪人體時更生動自然；他們研究比例學，希望創造物體的和諧呈現。這一切的努力，都是為了要給自己的學門賦予更多科學基礎。到了 15 世紀前半，工程師從工匠的身份轉變成理論著述的作家；在這個文化解放的過程中，個中翹楚要算是達文西了。

達文西將機械本身以及機械的零件提升到理論的層次，這點可以從他愈來愈精準的繪圖看出來，它不但是知識的紀錄，也具有展示和呈現的用途。達文西在描述機械零件時有一段文字就是很好的例子，他也認為機械零件與傳統所認為的科學，有其一致性。達文西在描述螺絲的一段文字中提到：「在此描述螺絲的特性，如何將之旋入和旋出；如果運用相同的槓桿距離和力度，單顆螺絲其實比雙顆螺絲堅固；細螺絲也比粗螺絲堅固。另外也會討論螺絲的各種用法、還有數不盡的螺絲種類。」達文西這段文字是在描述單一螺絲，但即便如此，他還是保留了許多空間來討論理論性的主題，像是亞里斯多德的靜力學或力學法則。達文西也用同樣的方式來研究彈簧的力學特性，他延伸出更多的量化思考，彈簧與時間的關係、動作與力的關係；但在當時，這些純理論的考量，多半是運用在光、水或是一般力學等主題。

1490 年代開始，達文西更精準地修正他對機械設計的研究方向。研究摩擦力的文章《關於極限》（*De' poli*），以及《摩擦力學》（*De congregazione*）這部專論中，都有提到達文西後來的努力。對於機械設計，達文西進行了許多複雜的理論研究，但不一定都有發表。例如，他曾經設計了計步器（大西

洋手稿 1rb），這個裝置可以計算雙腳走了幾步。在同一頁手稿中，他也設計了里程計算器，可以計算走了多少距離；這個裝置在當時大概具有實用性，因為達文西以軍事工程師的身份替波吉亞（Cesare Borgia）公爵建造了有城牆防禦的碉堡，為了計算碉堡週圍的長度，需要這樣的里程計算器。計步器的用途應該也類似。達文西計算人體的運動（如步行），並做量化分析，同一時間，他也研究人體構造，並對人體運動進行幾何分析（見於 16 世紀的惠更斯（Huygens）手稿，這份手稿應該有受到達文西的影響）。

顯然，達文西即使在進行理論分析時，也一直顧及實用性。例如，馬德里手稿 I 中有一份關於機械零件的研究，他分析滑輪和滑車，但終極目標是要增加舉重施力的效能。他對滑輪進行的許多分析，也有類似的目的；發明了這個系統之後，他也立刻做出避免滑輪滾向錯誤方向的裝置（稱為棘輪，達文西稱之為「小東西」（servant））。

達文西設計機械還有第三個面向。除了實用和理論面，他也顧及美學。機械不只是科學、是實用，而且很美觀。他設計的圓規和兩腳規就是最好的例子。這兩種工具因為實用性高，所以在達文西的研究裡面深具重要性。不過，實用性並沒有犧牲了美觀，有些圓規和兩腳規造型相當優美。例如，在設計圓規時，必須考慮到兩隻腳張開時，仍然必須維持在固定位置。要做到這一點，兩隻腳張開的弧度愈大，它們之間的摩擦力就必須愈大。這可以用加裝鉸鏈來解決。在大西洋手稿 48r 和 48v 中可以看到，達文西不但做到了這一點，也把圓規的頭部設計成非常優雅的造型。可謂是：從小品藝術到工業設計的連結。

1452 出生於文西鎮

1460

1470

1480

1478-1482

1490

1500

1510

1519 逝世於安堡埃

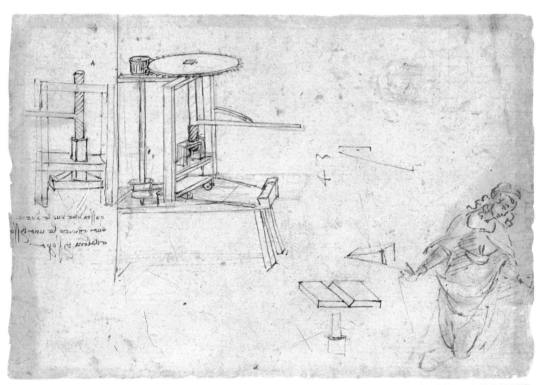

手稿上有兩幅完全不同的草圖。右側的是一台裝有控制桿的印刷機，左側則是裝有雙軸螺桿的印刷機，是個和飛行機械相似的機械。

印刷機 Printing Press

使用控制桿轉動螺桿的裝置

年輕有為的藝術家離開故鄉的文西鎮，來到充滿文藝復興的活力的花之都——佛羅倫斯。這頁手稿似乎可讓人窺見當時達文西所處的文化環境。它是大張紙稿的殘片，紙稿的其他部分應該還畫有幾幅草圖。值得特別注意的是，印刷機的草圖旁的聖母瑪麗亞的畫像。目前可以確定的是這幅聖母瑪麗亞並非出自達文西之手。最直接的證據是畫像胸部上的陰影是從右上方向左下方描繪，而左撇子的達文西應該是以相反方向繪製才合理。除此之外，從強而有力、簡潔的線條以及瑪麗亞的表情與姿勢來看，卻又不能否定這是達文西的風格。先暫且不管誰是繪製者，讓我們先順著繪畫和機械草圖同在一張紙上的事實繼續說下去。以維洛及歐工作室為首，在當時的工作室中所陳列的東西從兵器到教堂的鐘、雕像，無奇不有。在文藝復興時代，這些全部都在「藝術」之名下，所有理論性知識都認為這是一種「科學」。大多數藝術家所尋求的科學，並不是指發明行為與藝術創造的融合，而是窮究機械發明與藝術活動相關的基礎理論。

在 1470 年代有一則撼動佛羅倫斯所有工作室的大新聞，那就是第一台印刷機被發明出來了。其間雖然也有許多人嘗試要發明印刷機，但最終還是在 1476 年，由福音聖母教堂（Santa Maria Novella）的多明尼哥教會的修士們成功地設立了印刷工作室。當時，修道院擔任了文化傳播者的角色。而耗費金錢與精神的手抄本在印刷機發明後，當然也被印刷技術所取代。對於一流的工程師和工匠們來說，印刷技術的登場無疑地意味著知識‧教養的門戶洞開。他們費盡心思地證明，曾被認為社會地位低下的「手工業」也有科學的一面。從手稿中我們也可以確知達文西也對印刷機懷抱興趣。不過，他的主要目的仍然在於作業的自動化，也就是節省時間和人力上。雖然我們不確定達文西是否實際參與印刷作業，但從留在解剖學相關手稿（溫莎手稿 19007v）上的記錄可以得知，他曾研究精美的印刷技術，以及偏好較貴的精細蝕刻銅板。

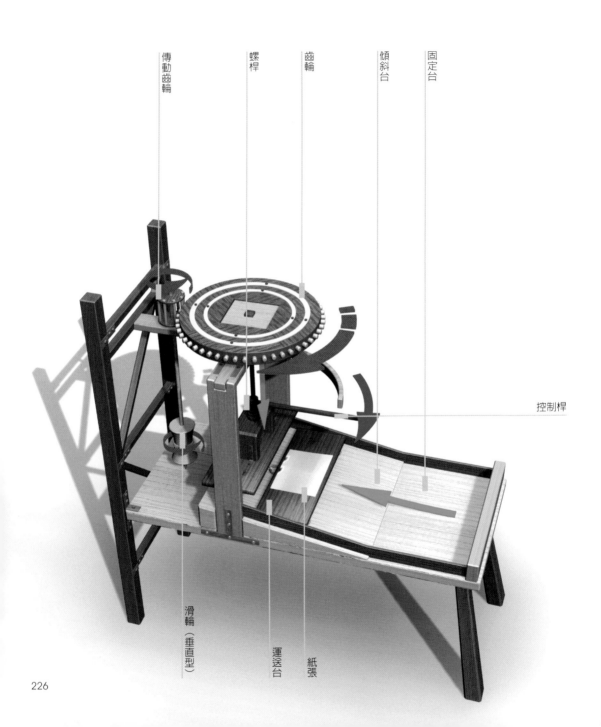

傳動齒輪

螺桿

齒輪

傾斜台

固定台

控制桿

滑輪（垂直型）

運送台

紙張

操作控制桿轉動齒輪，機械便會開始一連串的作業。牽引齒輪、螺絲等各零件運作的是被設置在壓盤上方的大型齒輪。滑輪的繩索被連結在送紙的運送台上，機械一開始運作，運送台便會朝著壓盤的方向移動。同時，由於螺桿的作用，壓盤會緩慢地下降，並在運送台的紙張上印刷文字。印刷一完成，運送台便會回到原來的位置，壓盤也會向上抬起。

達文西在控制桿旁描繪了一個弧型零件，這很可能是控制桿的一個木製補助裝置，或是防止操作人員進入機械內的警戒裝置。印刷時必須耗費大量人力，也必須反覆進行作業，因此，防止人員靠近運作中的機械是很重要的。

這台機械的精采之處在於運送紙張的運送台。運送台裝設著小車輪，只要操作控制桿轉動滑輪，繩索便會被拉扯，運送台就會朝壓盤移動。運送台會停在壓盤處。印刷完成後，就會連同紙張，滑回原本的位置。這項裝置即使不使用雙手，也可以印刷紙張。只要啟動一次控制桿便能完成一連串的動作。

1452 出生於文西鎮
1460
1470
1480
1490
1500
1504 年左右
1510
1519 逝世於安堡埃

大西洋手稿 1br
Codex Atlanticus, f. 1br

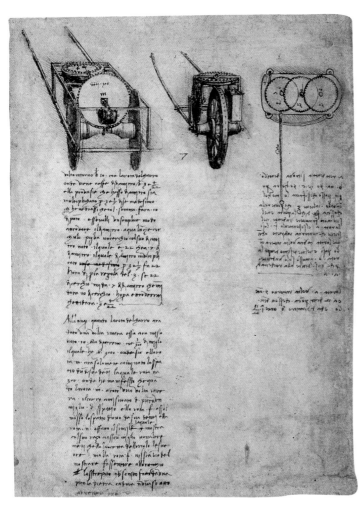

左側和中央的草圖是里程計算器，右側則是計步器。

里程計算器 Odometer

位於裝置中央的大型旋轉盤。將小石頭放入小洞裡，每旋轉一次，便會逐個掉進箱子中。

這是一幅完美且適合作為向僱主或委託人說明用的草圖。不但描繪得甚為明確，左側部分的筆記不是以鏡像文字，而是以正常文字書寫而成。像這種完全不具達文西風格的手稿，到底是打算裝訂成冊或只是一種印刷格式？雖然我們可能會聽到「怎麼可能？」的聲音，但這也不是不可能發生的事情。在馬德里手稿 II 中的機械零件研究草圖中，也適用同樣的推測。

達文西並不滿足於當時的印刷品質。他努力地研究如何提昇印刷技術。1510 年左右，他在描繪了解剖學相關的手稿的空白處便留下了有關如何將細緻草圖精美地印刷的想法。但是，這不一定可以被當作是這份手稿被繪製得如此完美的理由。也許這份手稿是為了呈獻給對里程計算器或計步器有興趣的委託人或基於其他原因而畫的。

草圖中留有打底圖的痕跡。可以看出他是先畫概略圖，然後再仔細完成——這是他描繪作為展示說明用的草圖的方式，而且很明顯地上面並沒有寫上備忘隨筆。不過，有個例外之處在於，右側里程計算器草稿的下方是達文西特有的鏡像文字。因此一般自然認為，右側的草圖和筆記是後來才添加上的。右側草圖風格十分簡樸，不像其他兩幅草圖繪製得很精細。由此也可推定達文西在完成里程計算器的草圖後，便在空白處記錄自己的研究，而且也沒有打算給別人看。

左側兩幅里程計算器的草圖中，都有效地使用了線影和墨染的技巧，達文西以這兩種能夠表現存在感並完美呈現的技術巧妙地組合，讓裝置的細部都明確地表現出來。而安裝在搬運車上的兩台里程計算器，因為線影的效果，使得裝置的構造和各零件的功能都清楚可見。此外，從手稿中描繪兩種變化類型來看，達文西充份表達了這項裝置能夠對應各種狀況的優點，此外，大西洋手稿 855v 中則描繪了搬運車的草圖。

A

里程計算器有很多種類，包括了地圖專用的小型機器到大型裝置等。這台里程計算器的外型有如托拉車般，需要以人力拖拉前進以計算距離。

車輪一旋轉，與地面垂直的圓盤便會轉動，裝置就會開始運作。動力傳動輪會啓動前方的籠式齒輪與後面的兩個小型齒輪。前面的籠式齒輪是轉動中央輪盤的構造，但是我們卻無從了解關於裝置後方的小型齒輪的功能。有一說是，動力傳動輪的下半部和被裝在支架上的金屬製小型突起物相互咬合，若發出喀茲喀茲的規律聲響，則表示裝置正順利地運作中。

B

整個里程計算器的重點在於中央輪盤。盤面上有等距的小洞，將小石頭（或者是木頭製成的圓球）裝入其中。中央輪盤每旋轉一圈，小石頭就會一個一個掉落至箱子中。這個構想是希望由人或動物拖拉著里程計算器，在欲測量的道路上行走，最後再用落入箱子中的小石頭計算距離。

C

整個里程計算器的構造實在是很簡單，只要由人或動物拖拉整個裝置即可運作。此外，測量中一定要有另一個人隨側在旁，邊走邊不斷地補給小石頭。

D

從中央輪盤中落下來的小石頭，會集中在下方的箱子中。小石頭的數量越多，距離越長。

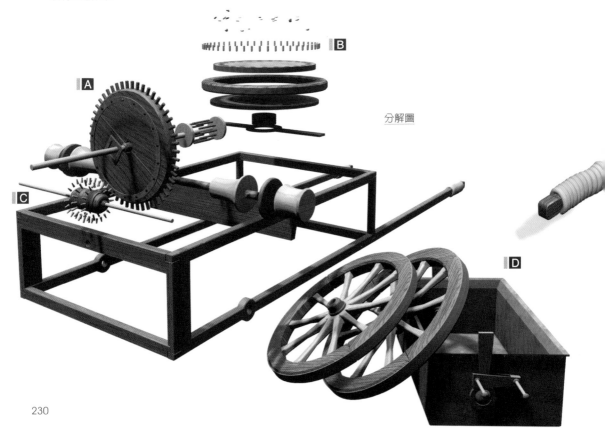

分解圖

支架

動力傳動輪

車輪

籠式齒輪

裝有小石頭的洞

中央輪盤

箱子

1452 出生於文西鎮

1460

1470

1480

1490

1500

1510

1514-1515

1519 逝世於安堡埃

大西洋手稿 696r
Codex Atlanticus, f. 696r

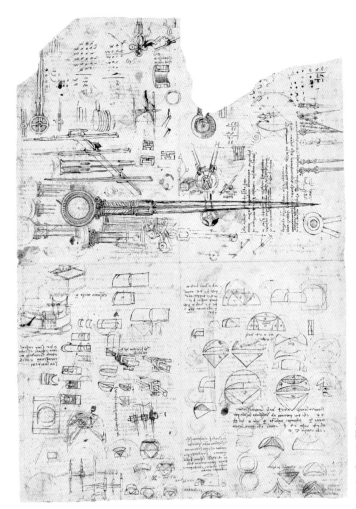

這張手稿中混雜著有關建築的製圖工具和圓規。如同手稿中的主圖——圓規所示,達文西所設計的實用工具通常是技術、理論和絕美的設計並存的。

圓規與兩腳規 Compasses & Dividers

左頁這份混雜的手稿，正是達文西晚年繪製手稿所呈現的風格。這份手稿上有幾何學觀察，以及用各種形狀所研究的建築物、機械和工具等。左下方與屋頂構造的相關研究是達文西在羅馬時期所做，上方則描繪了圓規與兩腳規。

這一頁手稿中的主圖與其他更小的草圖是達文西設計的圓規與兩腳規，兩者構造都相當簡單。仔細找找還可以看到橫桿圓規，它是一種在長長的橫桿上設有兩個滑動點的圓規。達文西的發明最大的特色是兼具實用與美觀。最顯而易見的是火器和大砲以及研究用機具。許多槍枝的前端和砲身的設計都極富多樣化，且充滿了趣味，「發明的樂趣」常常超越實用性。同樣的狀況也出現於工具發明上，例如這裡所介紹的圓規與兩腳規，達文西可能曾將它們製作出來並實際使用過。如果你仔細觀察〈維特魯維亞人〉（Homo Vitruvianus）的人體比例圖中圍繞人體的圓圈，便可以發現那裡留下了用圓規描線後再用鋼筆重描的痕跡。那麼，我們試著來思考這幅美麗的主圖吧！它的研究目的是為了找出可以維持圓規腳開啟角度的構造，達文西想出了加大絞鍊的接觸面，以及增加絞鍊數量的兩個方法。其中，增加絞鍊數量的圖充其量只是畫來參考之用，但無論何者，這個研究都是更多形狀奇特的圓規的發想契機。對於達文西來說，功能性的探究只不過是完全呈現精心之作的跳板，而這也是工業設計的精神所在。

義大利威尼斯的國立馬魯恰納圖書館（Marciana Library）中便收藏了這幅主草圖的複本。是由佛羅倫斯知名的工程師羅倫卓（Lorenzo della Volpaia）與其子本韋努托（Benvenuto）所繪製。羅倫卓和達文西在佛羅倫斯相識（兩人都是米開朗基羅大衛像設置場所協議委員會的成員），其中有趣的是知名的工程師對達文西小小的研究如此好奇，真可謂是項令人驚訝的當代傑作。

達文西設計的圓規與兩腳規

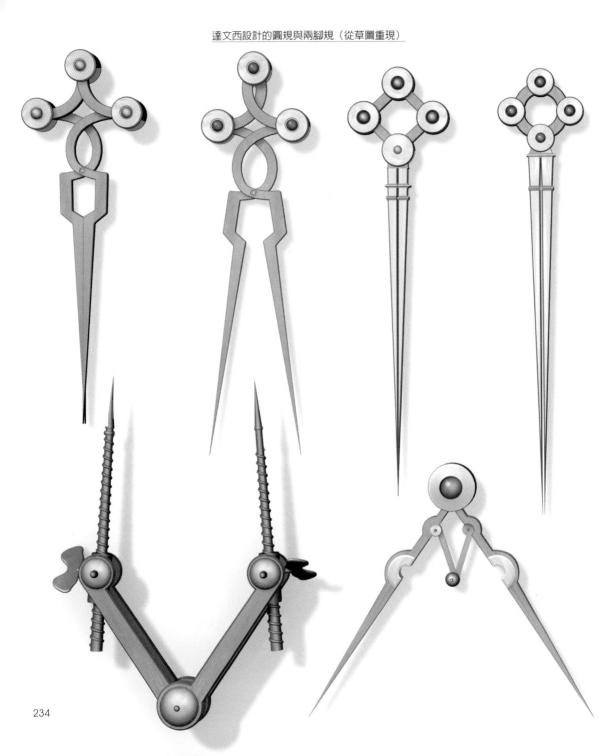

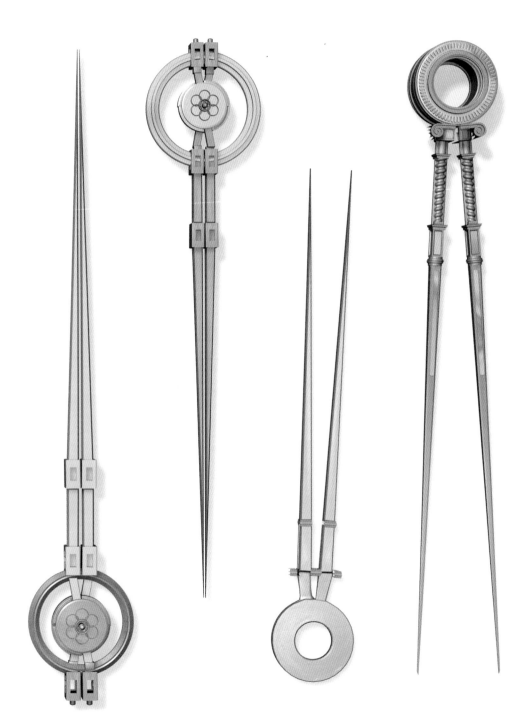

Bibliography 參考文獻

T. Beck, *Beiträge zur geschichte des Machinenboues*, Berlin, 1990 (1st edition 1899).

L. Beltrami, *Leonardo do Vinci e l'aviazione*, Milan, 1912.

F. M. Felhaus, *Leonardo der Techicher und Erfinder*, Jena, 1913.

I. B. Hart, *Leonardo da Vinci as a pioneer of aviation*, The Journal of the Royal Aeronautical Society', XXVII, London, 1923, pp. 244-269.

I. B. Hart, *The Mechanical Investigations of Leonardo da Vinci*, London, 1925, (re-edited in Idem, *The World of Leonardo da Vinci*, London, 1961).

R. Giacomelli, *Leonardo da Vinci e il volo meccanico*, 'L'Aerotecnica', VI, 1927, pp. 486-524.

R. Marcolongo, *Le invenzioni di Leonardo da Vinci. Parte prima, Opere idrauliche, aviazione*, 'Scientia', 41, 180, 1927, pp. 245-254.

R. Giacomelli, *Les machines volantes de Léonard de Vinci et le vol à voile, Extr. du tome 3 des Comptes rendus du 4.me Congrès de navigation aérienne tenu à Rome du 24 au 29 octobre 1927*, Rome, 1928.

R. Giacomelli, *I modelli delle macchine volanti di Leonardo da Vinci*, 'L'Ingegnere', V, 1931, pp. 74-83.

R. Giacomelli, *Progetti vinciani di macchine volanti all'Esposizione aeronautica di Milano*, 'L'aeronautica', 14, 1934, 8-9, pp. 1047-1065.

R. Giacomelli, *Gli scritti di Leonardo da Vinci sul volo*, Rome, 1936.

G. Canestrini, *Leonardo costruttore di machine e di veicoli*, Milan-Rome, 1939.

A. Uccelli, *Leonardo da Vinci. I libri di meccanica*, Milan, 1940.

R. Marcolongo, *Leonardo da Vinci artista e scienziato*, Milan 1950, pp. 205-216.

C. Zammattio, *Gli studi di Leonardo da Vinci sul volo*, 'Pirelli', IV, 1951, pp. 16-17.

A. Uccelli (with the collaboration of C. Zammattio), *I libri del volo di Leonardo da Vinci*, Milan, 1952.

I. Calvi, *L'ingegneria militare di Leonardo*, Milan, 1952.

L. Tursini, *Le armi di Leonardo da Vinci*, Milan, 1952.

M. R. Dugas, *Léonard de Vinci dans l'histoire de la mécanique*, in *Léonard de Vinci et l'expérience scientifique au xvie siècle*, Congress Proceedings, 1952, Paris, 1953, pp. 88-114.

C. Pedretti, *Macchine volanti inedite di Leonardo*, 'Ali', 3, 1953, 4, pp. 48-50.

C. Pedretti, *Spigolature aeronautiche vinciane*, 'Raccolta Vinciana', XVII, 1954, pp. 117-128.

C. Pedretti, *La machine idraulica costruita da Leonardo per conto Bernardo Rucellai e i primi contatori ad acqua*, 'Raccolta Vinciana', XVII, 1954, pp. 177-215.

C. Pedretti, *L'elicottero*, in *Studi Vinciani*, Geneva, 1957, pp. 125-129.

L. Reti, *Helicopters and whirligigs*, "Raccolta Vinciana", XX, 1964, pp. 331-338.

I. B. Hart, *The world of Leonardo da Vinci man of science, engineer and dreamer of flight*, London, 1961, pp. 307-339.

B. Gille, *Les ingénieurs de la Renaissance*, Paris, 1964.

M. Cooper, *The Inventions of Leonardo da Vinci*, New York, 1965.

C. H. Gibbs-Smith, *Léonard de Vinci et l'aéronauthique*, 'Bulletin de l'Association Léonard de Vinci', 9, 1970, pp. 1-9.

Leonardo, edited by L. Reti, Milan, 1974.

Leonardo nella scienza e nella tecnica, Atti del simposio internazionale di storia della scienza (Florence-Vinci 1969), Florence, 1975, pp. 105-110.

C. Pedretti, *The Literary works of Leonardo da Vinci edited by J. P. Richter. Commentary*, 2 vols., Oxford, 1977.

G. Scaglia, *Alle origini degli studi tecnologici di Leonardo*, 'Lettura vinciana', XX, 1981.

Leonardo e l'Età della Ragione, edited by E. Bellone, P. Rossi, Milan 1982.

E. Winternitz, *Leonardo da Vinci as a musician*, New Haven-London, 1982.

Laboratorio su Leonardo da Vinci, exhibition catalogue, Milan, 1983.

Leonardo e gli spettacoli del suo tempo, exhibition catalogue edited by M. Mazzocchi Doglio, G. Tintori, M. Padovan, M. Tiella, Milan, 1983.

M. Tiella, Gli strumenti musicali disegnati da Leonardo, in Leonardo e gli spettacoli del suo tempo, exhibition catalogue edited by M. Mazzocchi Doglio, G. Tintori, M. Padovan, M. Tiella, Milan, 1983, pp. 87-100.

M. Tiella, Strumenti musicali dell'epoca di Leonardo nell'Italia del Nord, in Leonardo e gli spettacoli del suo tempo, exhibition catalogue edited by M. Mazzocchi Doglio, G. Tintori, M. Padovan, M. Tiella, Milan, 1983, pp. 101-116.

Leonardo e le vie d'acqua, exhibition catalogue, Milan, 1984.

P. C. Marani, L'archittetura fortificata negli studi di Leonardo da Vinci. Con il catalogo complete dei disegni, Florence, 1984.

C. Hart, The prehistory of flight, Berkeley, 1985.

M. Carpiceci, Leonardo. La misura e il segno, Rome, 1986.

P. Galluzzi, La carrière d'un technologue, in Léonard de Vinci ingénieur et architecte, exhibition catalogue, Montréal, 1987, pp. 80-83.

M. Kemp, Les inventions de la nature e la nature de l'invention, in Léonard de Vinci ingénieur et architecte, exhibition catalogue, Montréal, 1987, pp. 138-144.

M. Cianchi, Le macchine di Leonardo da Vinci, Florence, 1988.

G. P. Galdi, Leonardo's Helicopter and Archimedes' Screw: The Principle of Action and Reaction, 'Achademia Leonardi Vinci', IV, 1991, pp. 193-201.

Prima di Leonardo. Cultura delle macchine a Siena nel Rinascimento, exhibition catalogue edited by P. Galluzzi, Siena, 1991.

M. Pidcock, The Hang Glider, 'Achademia Leonardi Vinci', VI, Florence 1993, pp. 222-225.

P. Galluzzi, Leonardo da Vinci: dalle tecniche alla tecnologia, in Gli Ingegneri del Rinascimento da Brunelleschi a Leonardo da Vinci, exhibition catalogue, Florence 1996, pp. 69-70.

D. Laurenza, Gli studi leonardiani sul volo. Spunti per una riconsider-azione, in Tutte le opere non son per istancarmi. Raccolta di scritti per i settant'anni di Carlo Pedretti, Rome 1998, pp. 189-202.

C. Pedretti, Leonardo. Le macchine, Florence, 1999.

D. Laurenza, Leonardo: le macchine volanti, in Le macchine del Rinascimento, Rome, 2000, pp. 145-187.

S. Sutera, Leonardo. Le fantastiche macchine di Leonardo da Vinci al Museo Nazionale della Scienza e della Tecnologia di Milano. Disegni e modelli, Milan, 2001.

Leonardo, l'acqua e il Rinascimento, edited by M. Taddei, E. Zanon, text by A. Bernardoni, Milan, 2004.

D. Laurenza, Leonardo. Il volo, Florence, 2004.

D. Laurenza, Leonardo: il disegno tecnologico, in E. Bellone, D. Laurenza, P. C. Marani, Breve viaggio nell'universo di Leonardo, Genoa, 2004, pp. 25-50 and 69-91.

關於達文西的手稿

　　達文西擁有作筆記的習慣，這對文藝復興時期的藝術家來說，是一個極其稀有的特例。達文西總是隨身攜帶紙張或是筆記本，像是記述日記般地將心得感想以及與研究相關的構想、觀察、草圖全數紀錄其中。達文西的筆記大多以獨特的鏡像文字書寫。這是種非得從鏡中反射的影像解讀的文字。然而，關於他使用鏡像文字的原因眾說紛紜，有一說是這種文字正好適合左撇子書寫；還有一說是為了不讓人輕易解讀他的研究秘密而寫。

　　這些日積月累的思考與觀察的紀錄，後來全成了影響後世甚鉅的手稿。手稿的內容包羅萬象，從科學技術、土木工程、建築、機械、幾何學到解剖學、天文學、動・植物學、繪畫論等各領域皆有。

　　達文西去世之後，依照遺言大部份手稿都給了他最鍾愛的學生梅爾齊（Francesco Melzi）。然而，梅爾齊死後，手稿歷經了諸多波折而散落到歐洲各處。現存的手稿約有 8000 張，保存於世界各地，至於其他的手稿據推測已經完全遺失。

達文西的主要手稿與收藏地

手稿名稱	收藏地
大西洋手稿（Codex Atlanticus）	米蘭　安布羅鳩圖書館（Biblioteca Ambrosiana, Milan）
溫莎手稿（Windsor RL）	溫莎　皇家圖書館（The Royal Library at Windsor Castle）
阿藍道手稿（Codex Arundel）	英國　大英博物館（British Museum Library）
佛斯特手稿（Codex Forster I － III）	倫敦　維多利亞與亞伯博物館（Victoria and Albert Museum, London）
馬德里手稿（Manuscripts Madrid I et II）	馬德里　國家圖書館（Biblioteca Nacional, Madrid）
原稿 A － M（Manuscripts A － M）	巴黎　法蘭西學院（Institute de France, Paris）
漢莫手稿（來切斯特手稿），（Codex Hammer，formerly Codex Leicester）	比爾・蓋茲收藏（Bill Gates,Seattle）
提福茲歐手稿（Codex Trivulzianus Manuscript）	米蘭　史佛薩城堡（Castello Sforzesco,Milan）
鳥類飛行手稿（Codex 'On the Flight of Birds' Manuscript）	杜林　皇家博物館（Biblioteca Reale, Turin）

國家圖書館出版品預行編目資料

達文西的天才發明 / 多明尼哥・羅倫佐 (Domenico Laurenza) 著；
　羅倩宜譯. -- 初版. -- 新北市：世茂, 2017.02
　　面；　公分. --（科學視界 ； 200）
　全彩圖解紀念版
　譯自：Le macchine di Leonardo : segreti e invenzioni nei codici
　　da Vinci
　ISBN 978-986-93907-7-4（精裝）

　　1.達文西 (Leonardo, da Vinci, 1452-1519)
　　2.學術思想　3.機械設計

446.19　　　　　　　　　　　　　　　105023477

科學視界 200

達文西的天才發明・全彩圖解紀念版

作　　者／多明尼哥・羅倫佐
譯　　者／羅倩宜
審 定 者／賴光哲
主　　編／簡玉芬
責任編輯／陳文君
出 版 者／世茂出版有限公司
地　　址／（231）新北市新店區民生路 19 號 5 樓
電　　話／（02）2218-3277
傳　　真／（02）2218-3239（訂書專線）・（02）2218-7539
劃撥帳號／19911841
戶　　名／世茂出版有限公司
　　　　　單次郵購總金額未滿 500 元（含），請加 50 元掛號費
世茂網站／www.coolbooks.com.tw
排版製版／辰皓國際出版製作有限公司
印　　刷／祥新印刷股份有限公司
初版一刷／2017 年 2 月

Ｉ Ｓ Ｂ Ｎ／978-986-93907-7-4
定　　價／490 元

"LE MACCHINE DE LEONARDO Segreti e invenzioni nei Codici da Vinci"
By Domenico Laurenza, Mario Taddei, Edoardo Zanon pp.240 CM 78474Q
© 2005 Giunti Editore S.p.A., Florence-Milan
© 2005 Studioddm S.n.c., Milano
© 2017 SHY MAU PUBLISHING COMPANY for the Chinese edition arranged through
jia-xi books co., ltd. Taipei